科学养鸡步步赢丛书

鸡场消毒关键技术

吴荣富　主编

U0239191

中国农业出版社

本书有关用药的声明

　　兽医科学是一门不断发展的学科，标准用药安全注意事项必须遵守。但随着科学研究的发展及临床经验的积累，知识也不断更新，因此治疗方法及用药也必须或有必要做相应的调整。建议读者在使用每一种药物之前，参阅厂家提供的产品说明以确认推荐的药物用量、用药方法、所需用药的时间及禁忌等。医生有责任根据经验和对患病动物的了解决定用药量及选择最佳治疗方案。出版社和作者对任何在治疗中所发生的对患病动物和/或财产所造成的伤害不承担任何责任。

中国农业出版社

本书编写人员

主　　编　吴荣富

副 主 编　顾华兵　丁　雯

编写人员（按姓名笔画排序）

丁　雯　　王晓峰　　吕　玲　李　新

吴荣富　　陈连颐　　范梅华　　胡功政

俞　燕　　逄建英　　顾华兵

序

养禽业是我国畜牧业中的支柱产业，经过改革开放 30 多年的快速发展，综合生产能力显著增强，已成为世界第一养禽大国，取得了令世界同行瞩目的成绩。养禽业成为我国规模化和集约化程度最高、先进科学技术应用最多、与国际先进水平最接近的畜牧产业之一，科技进步对其发展发挥了巨大的推动作用。

由于家禽业生产周期短，饲料转换率高，禽肉、禽蛋已成为有益人类健康、廉价的主要动物蛋白来源之一。但近年我国养禽业受到了来自国内外各方面的挑战和冲击，总体看产业化程度有待提高，产品价格波动较大，局部疫情时有发生，不规范用药等引起的食品安全问题，给养禽业持续发展带来困扰。如何引导广大家禽从业者树立健康养殖观念、提高安全意识、采用先进科学的饲养管理技术、规范使用饲料添加剂和兽药、生产优质安全的禽产品成为当前家禽养殖业迫切需要解决的瓶颈问题。

《科学养鸡步步赢》丛书根据鸡场建设、消毒、疾病防控、用药、饲料配制、种鸡饲养与孵化等生产环节，以及不同鸡种生理特性和饲养管理分别成书，重点介绍关键技术方法，内容系统，理论联系实践，具有很强的针对性、科学性和可操作性，便于短期快速掌握关键技术，对提高我国家禽养殖业生产水平、禽产品质量和食品安全水平，增强产品竞争力，促进农民稳收增收具有推动作用。限于作者专业水平和实践经验，疏漏和不妥之处在所难免，敬请广大业界同仁不吝指正。

丛书编委会

本书前言

我国养鸡业发展至今，无论是饲养规模还是生产方式都发生了巨大变化，疾病防控观念也随之变化，其中生物安全成为最近十年来养殖业最频繁提及的话题。这缘于从业者越来越认识到生物安全的重要性，然而生物安全又是我国禽病防控中最薄弱的环节。"隔离—清扫或清洗—消毒"是整个生物安全体系中的三要素，"消毒"是最重要的一个环节。因为消毒工作的完善性、程序性和彻底性贯彻整个养鸡过程，通过科学、合理、有效的消毒，可以切断传染病的传播途径，减少或避免传染病的发生，从而提高养殖生产的安全性和经济效益。

本书共分为8章，包括鸡场消毒概述、鸡场消毒方法、鸡场常用消毒药物、鸡场常用消毒设备、鸡场隔离卫生、鸡场常规性消毒关键技术、强化消毒效果的措施、常见媒介昆虫的控制方法等。内容丰富实用、可操作性强，对生产具有指导性，可供广大养殖户、畜禽养殖场技术人员、兽药生产经营者和有关农业院校师生阅读参考。

本书由中国农业科学院家禽研究所、河南农业大学牧医工程学院、河南牧翔动物药业有限公司等单位的多名专家共同编写。在编写过程中，参考并引用了相关资料，在此表示衷心感谢！由于科技发展迅速和作者水平有限，书中内容难免有遗漏和不当之处，敬请读者批评指正。

编　者

目 录

第二篇 鸡场消毒技术措施

第一篇

鸡场消毒相关知识

第一章

鸡场消毒概述

随着现代化、集约化养鸡业的迅速发展，市场不断开放，流通逐渐加强，鸡场疫病的感染和流行变得越来越多样和复杂，其原因包括四方面因素。

一是现代养鸡生产多实行大群高密度饲养。"大群"和"高密度"本身就是一种应激因素，为疾病的传播提供了有利的环境条件，甚至某些原来在小群散养条件下危害性不大的疾病，也可能造成严重的损失。

二是由于生产迅速，育成期短而周转快，使得鸡场中不同日龄鸡群之间的交叉感染更为容易。

三是病毒、细菌、支原体及球虫等微生物可通过许多特定的媒介，如动物本身，工作人员，污染的饲料、饮水、鸡舍、设备和空气等在鸡场内传播。

四是有些养鸡场为控制细菌病的继发或并发感染，采用增加疫苗种类、免疫剂量和次数及增投抗菌药物的方法，结果造成鸡群耐药性增强，鸡群发病后很难挑选出有效的药物，且鸡群体内有益微生物被杀死，造成菌群失调，再次影响鸡群健康和生产水平的发挥。

为了保证鸡群免受这些微生物的侵袭，快速健康的生长，必须有严格的消毒措施以消除鸡场环境中的各种致病微生物。只有树立"预防为主"的防病意识，坚持"预防为主、养防结合、防重于治"的方针，才能保证养鸡生产的顺利进行。

第一节　消毒的有关概念

一、消毒及消毒剂

消毒是指用物理、化学和生物的方法清除或杀灭外环境（各种物体、场所、饲料饮水及动物体表皮肤、黏膜及浅体表）中病原微生物及其他有害微生物，从而阻止和控制传染病的发生。消毒方法通常包括化学和物理方法。

消毒的含义包含两点：①消毒是针对病原微生物和其他有害微生物的，并不要求清除或杀灭所有微生物；②消毒是相对的而不是绝对的，它只要求将有害微生物的数量减少到无害程度，而并不要求把所有病原微生物全部杀灭。

用以消毒的药物称为消毒剂，即用于杀灭传播媒介上的病原微生物，使其达到无害化要求的制剂。

二、灭菌及灭菌剂

灭菌是指用物理或化学方法杀死物体及环境中一切活的微生物，包括致病性微生物和非致病性微生物及其芽孢、霉菌孢子等。灭菌的含义是绝对的，是指完全破坏或杀灭所有的微生物。因此，灭菌比消毒的要求高，消毒不一定都能达到灭菌的要求，而灭菌一定可达到消毒的目的。

用于灭菌的化学药物称为灭菌剂。

三、防腐及防腐剂

防腐是指阻止或抑制微生物（含致病的和非致病性微生物）的生长繁殖，以防止活体组织受到感染或其他生物制品、食品、药品等发生腐败的措施。防腐仅能抑制微生物的生长繁殖，而并非必须杀灭微生物，与消毒的区别只是效力强弱的差异或抑菌、灭菌强度上的差异。

用于防腐的化学药品称为防腐剂或抑菌剂。一般常用的消毒剂在低浓度时就能起到防腐剂的作用。

四、抗菌作用及过滤除菌

抗菌作用指能使菌体变形、肿大，甚至破裂、溶解，或使菌体蛋白质变性、凝固，或由于阻碍了菌体蛋白质、核酸的合成而导致微生物死亡等的作用。

过滤除菌是指通过过滤作用除去其中存在的细菌。

五、无菌及无菌法

无菌是指物体上或容器内无活菌存在。

无菌法指在实际操作过程中防止任何微生物进入动物机体或物体的方法。

六、无害化

无害化是指不仅消灭病原微生物，而且要消灭其分泌排出的有生物活性的毒素及对人和动物具有危害的化学物质。

第二节　常见病原微生物

自然界中存在着大量的微生物，其中大多数能对人类和动植物产生有益的作用和影响，只有在这些有益微生物的存在下，人类和动植物才得以生存和发展。但也存在一部分对人类和动植物有害的微生物，它们可以使人和动植物发病，或者造成物品或食品的腐败，从而直接危害人和动物的生命健康。这些能够引起动植物和人类发病的微生物，称为病原微生物。鸡场病原微生物包括细菌、病毒和寄生虫等，常见的有大肠杆菌、沙门氏菌、巴氏杆菌、新城疫病毒、禽流感病毒、马立克氏病病毒、传染性支气管炎病毒、球虫、住白细胞虫等。

一、细菌

1. 大肠杆菌 大肠杆菌为革兰阴性无芽孢直杆菌，兼性厌氧，在普通培养基上生长良好，最适生长温度 37℃。在麦康凯琼脂上形成红色菌落，在伊红美蓝琼脂上产生黑色带金属闪光的菌落，在沙门氏、志贺氏菌属琼脂上一般不生长或生长较差，生长者呈红色。大肠杆菌抗原结构复杂，有多种血清型，易变异，传播途径多，表现类型多，是当今养鸡业很棘手的一种细菌。由于鸡场药物品种少，长时间使用单一抗生素，致使抗药菌株不断出现，治疗效果普遍较差，给集约化鸡场造成较大的经济损失。幼雏对其易感。常引起禽急性败血症、气囊炎、关节滑膜炎、全眼球炎等多种病症。

2. 沙门氏菌 沙门氏菌是一群寄生于人和动物肠道内的无芽孢直杆菌，革兰染色阴性，生化特性和抗原结构相似，兼性厌氧。沙门氏菌有多种血清型，可分为宿主适应血清型和非宿主适应血清型，前者只对适应的宿主有致病性，包括鸡沙门氏菌、副伤寒沙门氏菌、鸡白痢沙门氏菌、伤寒沙门氏菌等；后者对多种宿主有致病性，包括鼠伤寒沙门氏菌、鸭沙门氏菌、肠炎沙门氏菌等。沙门氏菌对干燥、腐败、日光等因素有一定的抵抗力，对化学消毒剂的抵抗力不强，一般常用消毒剂和消毒方法均能达到消毒目的。

3. 巴氏杆菌 多杀性巴氏杆菌常引起动物败血症和炎性出血。巴氏杆菌是两端钝圆、中央微凸的短杆菌，革兰染色阴性。本菌对物理和化学因素的抵抗力比较弱，普通消毒药常用浓度对本菌都具有良好的消毒力。一般情况下，不同鸡只间不易感染该菌。鸡感染该菌后，急性型临床表现呼吸急促、口鼻流出泡沫状黏液、鸡冠肉髯肿胀、产蛋鸡停止产蛋等。

4. 副嗜血杆菌 副嗜血杆菌呈多形性。幼龄时为革兰阴性的小球杆菌，两极染色，不形成芽孢，无荚膜，无鞭毛。兼性厌氧，对营养要求较高，需要供给 V 因子。在巧克力琼脂或鲜血琼脂上，经 37℃培养 24 小时，可形成露滴样小菌落，不溶血。葡萄球菌等在生长过程中可排出 V 因子。因此，在交叉划线培养时，在葡萄球菌菌落附近可长成鸡副嗜血杆菌。本菌对外界抵抗力弱，干燥环境中易死亡，对热及消毒药很敏感，60℃加热 5～20 分钟即可被杀死，在冻干条件下可保存十年。本菌主要引起鸡的急性呼吸系统疾病，主要症状为鼻腔和窦的炎症，表现流涕、甩头、面部水肿和结膜炎，产蛋鸡产蛋减少，生长鸡增重停滞。

5. 分枝杆菌 禽分枝杆菌为革兰阳性菌，具有多形性，菌短而小，不产生芽孢和荚膜，也不能运动。禽分枝杆菌为专性厌氧菌，生长最适 pH 为 7.2。本菌含有大量类脂，在自然环境中的生存力较强，对干燥和湿冷的抵抗力很强，在水中可存活 5 个月，在粪便、土壤中可存活 6～7 个月，在冷藏的奶油中可存活 10 个月。但对热的抵抗力差，60℃加热 30 分钟即可死亡，在直射阳光下经数小时死亡。对化学消毒剂的耐受性比其他细菌繁殖体强，2%戊二醛对其有杀灭作用，但需作用 20～60 分钟，常用消毒药经 4 小时可将其杀死。本菌主要危害鸡和火鸡，成年鸡多发。鸡感染后主要表现为体温偏高，呼吸快、粗，咳嗽，贫血，消瘦，鸡冠萎缩，跛行，产蛋减少或停止。

6. 链球菌 链球菌呈圆形或卵圆形，常排列成链状，不形成芽孢，多数无鞭毛，革兰染色阳性。生长环境要求较高，在加有血液、血清的培养基中生长良好，菌落周围形成溶血环。链球菌对热和普通消毒药抵抗力不强，多数链球菌经 60℃加热 30 分钟均可杀死，煮沸可立即死亡。常用消毒药，如 2%石炭酸、0.1%新洁尔灭均可在 3～5 分钟内将其杀死。日光直射 2 小时即可死亡，冷冻 6 个月特性不变。鸡感染后常表现为步态蹒跚，胫骨下关节红肿或趾端发绀，有时神经症状明显，出现阵发性转圈运动，角弓反张等。

7. 肉毒梭菌 肉毒梭菌多呈直杆状，单在或成双，革兰染色阳性，芽孢卵圆，位于菌体近端。本菌是一种腐物寄生型专性厌氧菌，在适宜条件下可产生一种蛋白神经毒素——肉毒梭菌毒素，其对胃酸和消化酶都有很强的抵抗力，在消化道内不会被破坏。本菌繁殖体抵抗力中等，80℃加热30分钟或100℃加热10分钟能将其杀死，但芽孢的抵抗力极强。肉毒梭菌毒素能耐pH3.6~8.5，对高温也有抵抗力，0.1%高锰酸钾能破坏毒素。鸡采食含有肉毒梭菌毒素的食物或饲料后，临床表现为头颈软弱无力、向前低垂，颈呈锐角弯曲，翅下垂，两脚无力，嗜眠及阵发性痉挛等运动神经症状。

8. 鸡毒支原体 鸡毒支原体呈细小球杆状，大小为0.25~0.5微米。本菌为好氧和兼性厌氧菌。在固体培养基上生长缓慢，培养3~5天可形成微小、光滑、透明的露珠状菌落，在马鲜血琼脂培养基上能引起完全溶血，能凝集鸡红细胞。鸡毒支原体对外界抵抗力不强，一般消毒药即能将其杀死。对热敏感，45℃加热1小时或50℃加热20分钟即可被杀死。4~8周龄鸡对其最敏感，可引起呼吸道症状为主的慢性呼吸道疾病，其特征为咳嗽、流涕、呼吸道啰音和张口呼吸。感染此病后，幼鸡生长不良，成年鸡产蛋下降，肉鸡胴体品质下降、废弃率上升。

二、病毒

1. 新城疫病毒 新城疫病毒属于副黏病毒科腮腺炎病毒属，完整病毒粒子近圆形，有囊膜，在囊膜外层呈放射状排列的突起，具有能刺激宿主产生抑制红细胞凝集素和病毒中和抗体的抗原成分。新城疫病毒对乙醚、氯仿敏感，在60℃加热30分钟即失去活力。真空冻干病毒在30℃可保存30天；在直射阳光下，经30分钟死亡。常用消毒药如2%氢氧化钠、5%漂白粉、70%酒精在20℃即可将其杀死。对pH稳定，pH3.0~10.0时不会被破坏。鸡感染此病毒后，常呈败血症经过，主要症状是呼吸困难，下痢，神经紊乱，黏膜和浆膜出血。

2. 禽流感病毒 禽流感病毒属于正黏病毒科，核衣壳呈螺旋对称，外有囊膜，囊膜上有呈辐射状密集排列的纤突。流感病毒对干燥和低温的抵抗力强，在－70℃稳定。60℃加热20分钟时病毒灭活。该病毒对一般消毒剂均敏感，对碘蒸汽和碘溶液特别敏感。禽类感染后有急性败血症、呼吸道感染以及隐性经过等多种临床表现。

3. 马立克氏病病毒 马立克氏病病毒是一种细胞结合性病毒，分3个血清型，核衣壳呈六角形，直径85～100纳米；带囊膜的病毒粒子直径150～160纳米。基因组是线状双股DNA，很难从感染细胞的总DNA中分离出来。出雏和育雏室的早期感染可导致很高的发病率和死亡率。年龄大的鸡感染后，病毒可在体内复制，并随脱落的羽囊皮屑排出体外，但多不发病。从感染鸡羽囊随皮屑排出的游离病毒对外界环境有较强的抵抗力，但常用的化学消毒剂可使其失活。鸡感染后，主要症状为外周神经、性腺、虹膜、各种脏器肌肉和皮肤的单核性细胞浸润。

4. 传染性法氏囊病病毒 传染性法氏囊病病毒属于双股双节RNA病毒科，单层衣壳，无囊膜，无红细胞凝集特性。在外界环境中极为稳定，能够在鸡舍内长期存在。该病毒耐热性强，56℃加热3小时病毒效价不受影响，60℃加热90分钟病毒不被灭活，70℃加热30分钟可灭活病毒。常引起幼鸡发病，主要症状为腹泻、颤抖、极度虚弱，法氏囊、肾脏病变，腿肌、胸肌出血，腺胃、肌胃交界处条状出血，具有免疫抑制性。

5. 传染性支气管炎病毒 传染性支气管炎病毒属于冠状病毒科、冠状病毒属，多数呈圆形，基因组为单股正链RNA。病毒粒子带有囊膜和纤突，含有3种病毒特异蛋白质，即纤突蛋白、膜糖蛋白和内部核衣壳蛋白，能在10～11日龄的鸡胚中生长。各血清型间没有或仅有部分交叉免疫作用。多数病毒株在56℃可存活15分钟，对一般消毒剂敏感，在室温下能抵抗1%

盐酸溶液 1 小时。鸡感染后，主要症状为咳嗽、喷嚏和气管发生啰音。雏鸡还可出现流涕，产蛋鸡产蛋减少和鸡蛋质量变劣。

6. 传染性喉气管炎病毒 传染性喉气管炎病毒属于疱疹病毒科 α-疱疹病毒亚科。病毒粒子有囊膜，衣壳为二十面体堆成，中心部分由双股 DNA 组成。本病毒的抵抗力很弱，55℃只能存活 10～15 分钟，37℃可存活 22～24 小时，13～23℃能存活 10 天。对一般消毒剂敏感，如 3% 来苏儿或 1% 苛性钠溶液，1 分钟即可杀死。该病毒可引起鸡的一种急性、接触性呼吸道传染病，主要症状为呼吸困难、咳嗽、咳出血样渗出物，喉部和气管黏膜肿胀、出血并形成糜烂。

7. 产蛋下降综合征病毒 产蛋下降综合征病毒属于禽腺病毒Ⅲ群，无囊膜的双股 DNA 型。病毒粒子大小为 76～80 纳米，有 13 条结构多肽。本病毒能在鸭胚、鸭胚肾、鸡胚肝和鸡胚成纤维细胞上生长繁殖，但在鸡胚肾中生长不良。该病毒能凝集红细胞，在环境中相当稳定，但易被一般消毒剂灭活。对乙醚、氯仿不敏感，对 pH 适应谱广，0.3% 福尔马林 48 小时可使其完全灭活。鸡感染后，可引起产蛋下降，主要表现为鸡群产蛋数量骤降，软壳蛋和畸形蛋增加，褐色蛋蛋壳颜色变深。

8. 鸡传染性贫血病毒 鸡传染性贫血病毒是一种近似细小病毒的环状单股 DNA 病毒，呈球形，无血凝性。病毒能在鸡胚中增殖，常在出壳后 10～15 天发病和死亡。病毒对乙醚和氯仿有抵抗力，60℃可存活 1 小时以上，100℃可存活 15 分钟；对酸稳定，pH3.0 可存活 3 小时，对一般消毒剂的抵抗力较强。鸡感染后，常引起再生障碍性贫血，全身淋巴组织萎缩，以致免疫抑制。

三、寄生虫

1. 球虫 球虫病是对养鸡业危害最严重的疾病之一，常呈暴发性流行。世界公认的鸡球虫有 7 种，分别为柔嫩艾美耳球

虫、毒害艾美耳球虫、堆型艾美耳球虫、布氏艾美耳球虫、巨型
艾美耳球虫、和缓艾美耳球虫和早熟艾美耳球虫。其中柔嫩艾美
耳球虫是致病力最强的一种球虫，主要寄生于盲肠及其附近区
域，常在感染后第 5 天及第 6 天引起宿主的盲肠严重出血和高度
肿胀，后期出现干酪样肠芯。毒害艾美耳球虫，主要寄生于小肠
中 1/3 段，在感染后的第 4～5 天引起鸡排大量带黏液的血便而
死亡，可见小肠高度肿胀或气胀，小肠内容物中含多量血液、坏
死脱落的上皮细胞或大量干酪样物质。患病耐过的鸡排卵囊可达
数月之久，为主要传染源。卵囊对恶劣的外界环境条件和消毒剂
具有很强的抵抗力。在土壤中可存活 4～9 个月，温暖潮湿的地
区有利于卵囊的发育。卵囊对低温、高温和干燥的抵抗力较弱，
在 55℃和冰冻的条件下可很快被杀死。

2. 贝氏隐孢子虫　贝氏隐孢子虫是真球虫目、隐孢子虫科、
隐孢子虫属的原虫，其卵囊呈圆形或椭圆形，卵囊壁光滑，囊壁
上有裂缝。主要有卵囊经口感染，也可通过呼吸道感染。卵囊对
环境消毒剂的抵抗力很强，常用消毒药物中只有少数几种对卵囊
有杀灭作用，可用 50%氨水 5 分钟，30%过氧化氢 30 分钟，
10%福尔马林 120 分钟，蒸汽消毒和福尔马林或氨水熏蒸等对物
体及其表面消毒。贝氏隐孢子虫主要寄生于禽类的法氏囊、泄殖
腔和呼吸道，主要引起呼吸道症状，偶尔引起肠道、肾脏等疾
病。呼吸道感染主要症状为精神沉郁、嗜睡、厌食、消瘦、咳
嗽、打喷嚏、啰音、呼吸困难和结膜炎等。

3. 鸡住白细胞虫　鸡住白细胞虫包括住白细胞虫科、住白
细胞虫属的卡氏住白细胞虫和沙氏住白细胞虫，主要寄生于鸡的
白细胞和红细胞内。其传播媒介分别为库蠓和蚋。鸡感染后，其
主要症状为白冠、口流鲜血、全身性出血、肌肉及某些内脏器官
出现白色小结节。

4. 后睾吸虫　后睾吸虫包括东方次睾吸虫、台湾次睾吸虫
和鸭对体吸虫等，鸡常因投喂生小杂鱼或生鱼下脚料引起群发性

后睾吸虫病。主要寄生在鸡的胆囊和胆管，阻塞胆管，引发肝脏发生病变，病鸡表现为精神沉郁、食欲下降、缩颈闭眼、羽毛蓬乱、消瘦、排白色或灰绿色水样粪。

5. 棘钩瑞利绦虫　棘钩瑞利绦虫属戴文科、瑞利属，是鸡体内最大的绦虫。主要寄生于鸡小肠内，可引起鸡消化不良、腹泻、食欲减退、饮欲增加、消瘦、羽毛逆行、母鸡产蛋减少、雏鸡发育迟缓等症状。

6. 鸡蛔虫　鸡蛔虫属于禽蛔科、禽蛔属，是鸡体内最大的线虫，呈黄色，圆筒形，体表角质层有横纹，口孔位于体前端，周围有一个背唇和两个侧腹唇，主要寄生于鸡小肠内，不同日龄鸡均能感染，主要症状为雏鸡生长发育不良、精神沉郁、行动缓慢、消化机能紊乱、食欲减退、顽固性下痢，成年鸡嗉囊积食、下痢、产蛋下降和贫血等。

7. 鸡膝螨　鸡膝螨属于疥螨科、膝螨属，沿羽轴穿入皮肤，侵入羽毛根部，以致诱发炎症，羽毛变脆、脱落，皮肤发红且覆盖鳞片，因其寄生部奇痒，鸡常有啄食羽毛的习惯，以致羽毛脱落，又称脱羽痒症。一般病灶常见于背部、臀部、腹部及翅膀等处。

第三节　鸡场消毒的作用及意义

我国养鸡业从"小规模、大群体"的分散经营模式逐渐向大规模、集约化方向发展，鸡传染病的防控对养鸡业发展至关重要。控制鸡传染病的发生和流行需要采用多种措施，其中消毒是一个重要措施。通过消毒杀灭或清除鸡群生存环境中的病原微生物，可使鸡群免受病原微生物的感染，维护鸡群的安全健康。

一、预防疾病

预防传染病的流行必须从传染源、传播途径和易感动物 3 个基本环节入手，对传染源的管理主要是加强疫病监测，做到早发现、早诊断、早隔离、早治疗，防止疫病传播蔓延；易感动物的保护，最佳的措施是使用针对性的疫苗，提高动物的免疫力；而切断传播途径最有效的方法是消毒、杀虫、灭鼠。因此，消毒是消灭和根除病原体必不可少的手段，也是兽医卫生防疫工作中的一项重要工作，是预防和扑灭传染病的最重要措施。

二、防止群体和个体交叉感染

在集约化养殖业迅速发展的今天，消毒工作更显出其重要性，它已经成为养鸡生产过程中必不可少的环节之一。一般来说，病原微生物感染具有种的特异性。因此，同种间的交叉感染是传染病发生、流行的主要途径。如新城疫只能在禽类中流行，一般不会引起其他动物或人发病。但也有些传染病可以在不同种群间流行，如结核病、禽流感，不仅可引起鸟类、禽类共患，甚至可以感染人。鸡的疫病一般可通过两种基本方式传播，一种是鸡与鸡之间的传播，称为水平传播。这种传播包括接触病鸡、污染的垫草、有病原体的尘埃、与病鸡接触过的饲料和饮水，还可通过带病原体的野鸟、昆虫等传播。通过水平传播的疾病很多，如鸡新城疫、禽流感、禽霍乱、马立克氏病等。另一种方式是母鸡将病原体传播给后代，称为垂直传播。这类疾病包括禽白血病、鸡白痢等。因此，防止交叉感染的发生是保证养鸡业健康发展和人类健康的重要措施，消毒是防止鸡个体和群体间交叉感染的主要手段。

三、消除非常时期传染病的发生和流行

疫病的水平传播分两种方式，一种是消化道途径，通常指带有病原体的粪便污染饮水、餐具、物品，主要指病原体对饲料、饮水、笼舍及用具的污染。另一种方式为呼吸道传播，主要通过空气和飞沫传播，被感染动物通过咳嗽、打喷嚏和呼吸等将病原

体排入空气中，并可污染环境中的物体。非常时期传染病的流行主要就是通过这两种方式。因此，对空气和环境中的物体消毒具有重要防病意义。消毒切断传染病的流行过程，从而防止人类和动物传染病的发生。另外，动物医院、门诊部、兽医站等也是病原微生物集中的地方，做好这些单位或部门的消毒工作，对防止动物群体之间传染病的流行具有重要意义。

四、预防和控制新发传染病的发生和流行

传染病中的传播途径是指病原微生物从传染源排出后在外界环境停留、转移所经历的过程。不同传染病的病原和传播途径不同，消毒工作的重点也有所不同。一般来说，经消化道传播的传染病是通过被病原微生物污染的饲料、饮水、饲养工具等传播的，所以主要是加强环境卫生，尤其是病鸡排泄物、饮水、饲料、饲养工具等的消毒；经呼吸道传播的传染病，病鸡在呼吸、咳嗽、打喷嚏时将病原微生物排入空气中污染环境或物体的表面，然后通过飞沫和空气传播，因此，对由空气传播的呼吸道传染病进行鸡舍内空气和物体表面的消毒具有重要意义；在未确定传染源的情况下，对有可能被病原微生物污染的物品、场所和动物体等进行的消毒属预防性消毒，目的是预防传染病的发生。当发现病鸡后，根据病原体的传播途径，对其分泌物、排泄物、污染物、胴体、血污、居留场所、生产车间以及与病禽及其产品接触过的工具、饲槽以及工作人员的刀具、工作服、手套、胶靴、病禽通过的道路等方面进行的消毒均属疫源地消毒，目的是阻止病原微生物的扩散，切断其传播途径。目前，预防性消毒和疫源地消毒在传染病的预防和控制中具有十分重要的作用。此外，消毒也可以有效预防疫源性感染。

五、维护公共安全和人类健康

养殖业给人类提供了大量优质的高蛋白食品，但养殖环境不

卫生，病原微生物种类多、含量高，不仅能引起禽群发生传染病，而且直接影响到禽产品的质量，从而危害人的健康。从社会预防医学和公共卫生学的角度来看，兽医消毒工作在防止和减少人禽共患传染病的发生和蔓延中发挥着重要的作用，是人类环境卫生、身体健康的重要保障。通过全面彻底的消毒，可以阻止人禽共患病的流行，减少对人类健康的危害。

第四节　消毒工作中存在的问题

一、消毒观念不强

防重于治是疾病防治的原则，疾病一旦发生，必定会造成损失。控制疾病特别是疫病发生，必须采取综合防治措施。由于人们对于疾病防治知识的缺乏，尤其受传统观念的影响，在疾病防治方面只重视免疫接种和药物使用，而容易忽视消毒工作。从控制传染病的角度来讲，免疫接种和药物防治都存在较大的局限性，而消毒可以消灭传染源和切断传播途径，具有事半功倍的效果。意识决定行动，缺乏消毒意识就不可能进行有效地消毒。所以许多养鸡场消毒设施缺乏或不配套，没有制定完善的消毒制度，消毒管理不严格，这些都直接影响到传染病的有效控制。

二、消毒不科学

由于消毒意识淡漠、消毒知识缺乏，导致消毒不科学，直接影响到消毒的效果。

（一）消毒的盲目性大

消毒工作是一项系统的经常性的工作，消毒效果受多种因素影响，如果没有一套完善的制度并严格管理，很难取得良好的效果。许多养鸡场没有制定消毒程序，或虽有程序，但没有落实到每一个相关人员，管理不严格，起不到应有的效果。有的养鸡场只在受到某种疫病威胁或已发生疫情时才进行消毒；有的只注意舍内小环境的消毒，而忽视平时对场区、门口、鸡舍进出口、人员往来等大环境的消毒等；有的即使舍内消毒，也只是简单的喷洒，往往忽略了天棚、门窗、供水系统及排污沟等死角，使这些地方变成了病原菌繁殖的场所，给养鸡场埋下隐患。有时没有疫病发生，但外界环境存在传染源，传染源会释放出病原体。如果没有严密的消毒措施，病原体就会通过空气、饲料、饮水等途径入侵易感鸡群，引起疫病的发生。如果没有及时消毒、净化环境，环境中的病原体就会越积越多，达到一定程度时，就会引发疫病流行。因此，未发生疫情也要进行消毒。

（二）消毒操作不规范

1. 忽视化学消毒前机械性的清除工作 化学药物消毒是生产中常用的消毒方法，物理清除在化学消毒中发挥巨大作用。因为消毒药物作用的发挥，必须使药物接触到病原微生物。被消毒的现场会存在大量的有机物，如粪便、饲料残渣、污水等，这些有机物中藏匿有大量病原微生物。消毒药物与有机物，尤其是与蛋白质有不同程度的亲和力，可结合成为不溶性的化合物，阻碍消毒药物作用的发挥。但生产中，人们不注重机械清除，大量地使用化学药品，结果不仅消毒效果达不到最佳，而且消毒剂被大量的有机物消耗，严重降低了对病原微生物的作用浓度。

2. 消毒管理与设施不完善 许多养鸡场没有设计合理的消毒室、消毒池和其他消毒设施，影响到消毒工作的进行。有的养鸡场虽在生产区门口及各鸡舍前均建有消毒室和消毒池，但消毒池内没有放置消毒药液或消毒池内的药液长期不更换，消毒室内没有紫外线灯或安装不合理、灯管不亮等，使消毒室和消毒池成为摆设，致使车辆及人员进出养鸡场不能进行有效消毒；有的图省事，消毒池中堆放厚厚的生石灰，实际上生石灰没有消毒作用；有的使用放置时间过久的熟石灰，而熟石灰已吸收了空气中的二氧化碳，完全丧失了杀菌消毒作用；有的为了节约，从市场购进"三无"假冒伪劣产品用于消毒，不仅达不到防疫消毒的目的，反而造成更大的经济损失。

3. 消毒药物选用不当 药物选择盲目性大，不知道如何根据消毒对象选用消毒药物。有的长期使用一种或两种消毒药物进行消毒，不定期更换，致使病原菌产生耐药性，影响了消毒效果；有的仍在使用传统季铵盐类、酚类、乙醇等对某些病毒效果不显著的消毒剂；有的将毫无消毒作用的生石灰直接洒在舍内地面上，或上面再铺一薄层垫料；在配制消毒药液时，任意增减浓度，配好后又放置时间过长，甚至两种药物混合或同时在同一地点使用，这样不科学、不正规的配制与使用方法，大大降低了药物的消毒效果。

第五节　消毒的种类

消毒的种类多种多样，按消毒方法可划分为物理消毒法、化学消毒法和生物消毒法；按消毒目的可划分为预防消毒、紧急消毒和终末消毒。

一、预防消毒（定期消毒）

为了预防传染病的发生，对鸡舍、养鸡场环境、用具、饮水等进行的常规的定期消毒工作，或对健康的鸡群或隐性感染的鸡群，在没有被发现有某种传染病或其他疫病的病原体感染或存在的情况下，对可能受到某些病原微生物或其他有害微生物污染的养鸡场和环境物品进行的消毒，称为预防消毒（定期消毒）。另外，养鸡场的附属部门，如兽医站，门卫，提供饮水、饲料、运输车等部门的消毒均为预防消毒。预防消毒是鸡场的常规工作之一，是预防鸡传染病的重要措施。

二、紧急消毒

在疫情发生期间，为了消灭传染源排泄在外界环境中的病原体，切断传染途径，防止传染病的扩散蔓延，对养鸡场、鸡舍、排泄物、分泌物及污染的场所和用具等及时进行的消毒，或当疫源地内有传染源存在时，为了及时杀灭或消除感染或发病鸡群的病原体，在发病鸡群及鸡舍进行的消毒，称为紧急消毒。

三、终末消毒

发生传染病以后，待全部病鸡处理完毕，即当鸡群痊愈或最后一只病鸡死亡后，经过 2 周再没有新的病例发生，在疫区解除封锁之前，为了消灭疫区内可能残留的病原体而进行的全面彻底的消毒，或发病鸡体因死亡、扑杀等方法清理后，对被这些发病鸡群所污染的环境（鸡舍、物品、工具、饮食具及周围空气等整个被传染源污染的外环境及其分泌物或排泄物）进行全面彻底的消毒，称为终末消毒。

鸡场消毒方法

微生物多种多样，其所处的环境条件、适应力和抵抗力也各不相同，因此，不同微生物需要不同的消毒方法。消毒方法一般包括物理消毒法、化学消毒法和生物消毒法。

第一节　物理消毒法

物理消毒法是指应用物理因素杀灭或清除病原微生物及其他有害微生物的方法，主要有清除消毒、辐射消毒、高温消毒和灭菌。物理消毒法简便经济，是较常用的一种消毒方法，常用于养鸡场的场地、舍内设备、卫生防疫器具和用具的消毒。

一、清除消毒

通过机械清扫、冲洗、通风换气、干燥、高温等物理方法将环境中的病原微生物杀灭。主要包括自然净化作用和机械除菌作用。

自然净化是指污染大气、地面、物体表面和水体的病原微生物，经日晒、雨淋、风吹、干燥、高温、湿度、空气中杀菌性化合物、水的稀释作用、pH 的变化等自然因素，逐步达到无害化的程度。自然净化的作用有限，且使用范围也有一定的局限性。

机械除菌指单纯使用机械的方法除去病原体。机械清扫、冲洗、洗擦等是最常用的消毒方法，也是日常的卫生工作之一。鸡舍的清扫和洗刷、饲槽和饮水器的洗涤等，通过机械性清除能使病原微生物减少，但不能杀死病原体，所以要配合其他消毒法进行。通风换气也是消毒的一种方法，由于鸡舍内空气含有大量的尘埃、水汽，微生物容易附着，特别是经呼吸道传染的疾病发生时，空气中病原微生物的含量会更高。所以适当通风，借助通风经常地排出污秽气体和水汽，特别是在冬、春季，通风可在短时间内迅速降低鸡舍内病原微生物的数量，加快鸡舍内水分蒸发，保持干燥，可使除芽孢、虫卵以外的病原失活，起到消毒作用。

二、辐射消毒

辐射消毒是指将需要消毒的物品放在日光下曝晒，利用阳光光谱中的紫外线以及阳光灼热、干燥的作用使病原微生物灭活而达到消毒的目的。主要包括紫外线消毒、微波消毒、超声波消毒等。

紫外线消毒是一种最经济方便的方法。将待消毒的物品放在日光下曝晒或放在人工紫外线灯下，利用紫外线、灼热以及干燥等作用使病原微生物灭活而达到消毒的目的。紫外线是一种低能量的电磁辐射，可以杀灭各种微生物，一般来说，革兰阴性菌对紫外线最敏感，其次为革兰阳性球菌，细菌芽孢和真菌孢子抵抗力最强。病毒对紫外线的抵抗力介于细菌繁殖体与芽孢之间。紫外线具有杀菌谱广、对消毒物品无损害、无残留毒性、使用方便、价格低廉、安全可靠、适用范围广等优点。目前主要用于消毒物体表面及空气等，也可用于不耐热物品表面消毒。此外，也用于饮水、污水及血液制品的消毒。

微波是一种波长为1毫米到1米左右的高频电磁波，可穿透玻璃、塑料薄膜与陶瓷等物质，但不能穿透金属表面。微波能使介质内杂乱无章的极性分子在微波的作用下，按波的频率往返运动，互相冲撞和摩擦而产生热，介质的温度可随之升高，因而在较低的温度下能起到消毒作用。微波可以杀灭各种微生物，包括细菌繁殖体、真菌、病毒和细菌芽孢。

超声波消毒法是利用频率为20～200千赫的声波作用，使细菌细胞机械破裂和原生质迅速游离，达到消毒目的。微生物对强度高的超声波很敏感，其中以革兰阴性菌最敏感，而葡萄球菌、链球菌抵抗力最强，但超声波对水、空气的消毒效果较差，很难达到消毒作用。因此，目前主要用超声波与其他消毒方法协同作用，来提高消毒效果。如超声波与紫外线结合，对细菌的杀灭率增加；超声波与热协同，能明显提高对链球菌的杀灭；超声波与化学消毒剂（戊二醛、环氧乙烷）合用，对芽孢的杀灭明显增效。

三、高温消毒和灭菌

高温对微生物有明显的致死作用。所以，应用高温进行灭菌是比较切实可靠而且也是常用的物理方法。高温可以灭活包括细菌及繁殖体、真菌、病毒和抵抗力最强的细菌芽孢在内的一切微生物。高温消毒和灭菌方法主要分为干热消毒灭菌和湿热消毒灭菌。

（一）干热消毒灭菌法

1. 灼烧或焚烧消毒法　是指直接用火焰灭菌，可立即杀死全部微生物，适用于笼具、地面、墙壁以及不怕热的金属器材。焚烧主要针对病鸡尸体、垃圾、污染的杂草、地面和不可利用的物品器材，点燃或在焚烧炉内烧毁，从而消灭传染源。焚烧处理是最彻底的消毒方法。

2. 热空气灭菌法　干燥的情况下，可利用热空气灭菌的方法，此法适用于干燥的玻璃器皿。在干热的情况下，热的穿透力较低，灭菌时间较湿热法长。灭菌时，将待灭菌的物品放入烘烤箱内，使温度逐渐上升到160℃维持2小时，可以杀死全部细菌及其芽孢。

（二）湿热消毒灭菌法

1. 煮沸消毒　沸水的高温作用杀灭病原体，是使用较早的消毒方法之一，方法简单、方便、安全、经济、实用、效果可靠。常用于金属器械、工作服、工作帽等物品的消毒。应用本法消毒时，要掌握消毒时间，一般以水沸腾时算起，煮沸 20 分钟左右，对于寄生虫性病原体，消毒时间应加长。

2. 流通蒸汽消毒 也称为常压蒸汽消毒，此法是利用蒸笼或流通蒸汽灭菌器进行消毒灭菌。一般在 100℃加热 30 分钟，可杀死细菌的繁殖体，但不能杀死芽孢和霉菌孢子，因此常在 100℃加热 30 分钟灭菌后，将消毒物品置于室温下，待其芽孢萌发，第 2、3 天再用同样的方法进行处理和消毒。这样连续 3 天处理 3 次，即可杀死全部细菌及其芽孢。

3. 高压蒸汽灭菌 蒸汽灭菌是在一密封的金属容器内，通过加热来增加蒸汽压力，提高水蒸气温度，达到短时间灭菌的效果。高压蒸汽灭菌具有灭菌速度快、效果可靠的特点，常用于玻璃器皿、纱布、金属器械、培养基、橡胶制品和生理盐水等消毒灭菌。

第二节　物理灭菌法

常见的物理灭菌法有热力灭菌、电离辐射灭菌和低温等离子体灭菌技术。

一、热力灭菌

热力灭菌是一种应用最早、效果最可靠、使用最广泛的方法。高温能使微生物的蛋白质和酶变性或凝固，新陈代谢发生障碍而死亡，从而达到灭菌的目的。与高温消毒灭菌类似，热力灭菌可分为湿热与干热两大类，干热法比湿热法需要更高的温度与更长的时间。干热灭菌主要包括火焰灭菌法和干热空气灭菌法。湿热灭菌法主要包括热压灭菌法、流通蒸汽灭菌法和煮沸灭菌法，其特点与高温消毒灭菌类似。

二、电离辐射灭菌

用 γ 射线、X 线和离子辐射处理物品，杀死其中微生物的灭菌方法称为电离辐射灭菌。电离辐射具有较高的能量与穿透力，可在常温下对不耐热的物品灭菌，故又称冷灭菌。可用于一次性应用的器材、导管、密封包装后需长期储存的器材、精密仪器。

三、低温等离子体灭菌技术

等离子体为高度电离的气体云，是气体在加热或强电磁场作用下电离而产生的，主要有中性分子、原子、离子、电子、活性自由基及射线等，为物质的第四状态。等离子体对微生物有良好的杀灭作用，也可有效地破坏致热物质，如细菌毒素及其他代谢产物。可用于金属、塑料器材等的处理，但不适用于纺织物和液体。经检测，等离子体空气消毒净化器对空气中金黄色葡萄球菌杀灭率为 99％，对白色念珠菌杀灭率为 99.9％。针对自然菌的杀灭率增高 90％，同时等离子体杀菌无需人回避，也不会对环境和人类健康造成危害。

第三节　化学消毒法

一、化学消毒的方法

化学药物能影响细菌的化学组成、物理结构和生理活动，从而发挥防腐、消毒，甚至灭菌的作用。消毒药物对人体组织有害，只能外用或用于环境消毒。

1. 浸洗法　如接种或打针时，对注射部位用酒精棉球、碘酒擦拭，以及对一些器械、用具、衣物等的浸泡。一般应洗涤干净后再浸泡，药液要浸过物体，浸泡时间应长些，水温应高些。养鸡场入口处消毒槽内，可用浸泡药物的草垫或草袋对人员的鞋靴消毒。

2. 喷洒法 喷洒地面、墙壁、鸡舍内固定设备等，可用细眼喷壶。对鸡舍内空间消毒，则用喷雾器。喷洒要全面，药液要喷洒到物体的各个部位。

3. 熏蒸法 适用于可以密闭的鸡舍和其他建筑物。这种方法简单、方便，对房屋结构无损，消毒全面。实际操作中要严格遵守下列基本要点：鸡舍及设备必须清洗干净，因为气体不能渗透到粪便和污物中去，如不干净，不能发挥应有的效力；禽舍要密封，不能漏气，应将进气口、出气口、门、窗和排气扇等的缝隙封严。

4. 气雾法 气雾粒子是悬浮在空气中的气体与液体的微粒，直径小于 200 纳米，分子量极小，能悬浮在空气中较长时间，可飘移穿透到鸡舍周围及其空隙。气雾是消毒液倒进气雾发生器后喷射出的雾状微粒，是消灭气携病原微生物的理想办法。鸡舍的空气消毒和带鸡消毒等常用。

二、化学消毒剂

用于杀灭或清除外环境中病原微生物或其他有害微生物的化学药物，称为消毒剂。消毒剂按用途可分为环境消毒剂和带鸡体表消毒剂（包括饮水、器械等）；按杀菌能力分为高效消毒剂、中效消毒剂、低效消毒剂；常用的是按照化学性质划分。

1. 含氯消毒剂 含氯消毒剂是指在水中能产生杀菌作用的活性次氯酸的一类消毒剂，包括有机含氯消毒剂和无机含氯消毒剂，目前生产中使用较广泛。含氯消毒剂可杀灭所有类型的微生物，对肠杆菌、肠球菌、金黄色葡萄球菌、胃肠炎病毒、新城疫病毒、传染性法氏囊病病毒有较强的杀灭作用，使用方便，价格适宜，但氯制剂对金属有腐蚀性，药效持续时间较短。

2. 醛类消毒剂 醛类消毒剂通过产生自由醛基在适当条件下与微生物的蛋白质及某些其他成分发生反应。包括甲醛、戊二醛、聚甲醛等，目前最新的器械醛消毒剂是邻苯二甲醛。杀菌谱广，可杀灭细菌、芽孢、真菌和病毒，性质稳定，耐储存，受有机物影响小，但有一定毒性和刺激性，有特殊臭味，受湿度影响大。甲醛熏蒸消毒可用于容器内的污染物品消毒，也可用于鸡舍、仓库及饲养用具、种蛋、孵化机（室）污染表面的消毒，其穿透性差，不能对用布、纸或塑料薄膜包装的物品进行消毒。

3. 氧化剂类消毒剂　氧化剂是一类含不稳定结合态氧的化合物。这类化合物遇到有机物和某些酶可释放出初生态氧，破坏菌体蛋白或细菌的酶系统。分解后产生的各种自由基，如巯基、活性氧衍生物等破坏微生物的通透性屏障，蛋白质、氨基酸、酶等最终导致微生物死亡。

4. 酚类消毒剂　酚类消毒剂是消毒剂中种类较多的一类化合物。高浓度可裂解并穿透细胞壁，与菌体蛋白结合，使微生物原浆蛋白质变性；低浓度可使氧化酶、去氢酶、催化酶等细胞的主要酶系统失去活性。对细菌、真菌和带囊膜病毒具有灭活作用，对多种寄生虫卵也有一定杀灭作用。性质稳定，但杀菌力有限，不能作为灭菌剂，对人和动物有害，且气味滞留，不能带鸡消毒和饮水消毒（宰前使用会影响肉质风味），常用于空鸡舍消毒。

5. 表面活性剂　表面活性剂又称清洁剂或除污剂，生产中常用的是阳离子表面活性剂，其抗菌谱广，对细菌、霉菌、真菌、藻类和病毒均具有杀灭作用。对常见病毒如马立克氏病病毒、新城疫病毒和传染性法氏囊病病毒均有良好的效果，且性质稳定、安全性好、无刺激性和腐蚀性，但对无囊膜病毒消毒效果差。避免与阴离子活性剂，如肥皂等共用，也不能与碘、碘化钾、过氧化物等合用，否则会降低消毒的效果。不适用于粪便、污水消毒及芽孢菌消毒。

6. 醇类消毒剂　常用的醇类消毒剂有乙醇、异丙醇等。可快速杀灭多种微生物，如细菌繁殖体、真菌和多种病毒（单纯疱疹病毒、乙肝病毒、人类免疫缺陷病毒等），但不能杀灭细菌芽孢。易受有机物影响，且易挥发，应采用浸泡消毒或反复擦拭以保证消毒时间。

7. 强碱类消毒剂 包括氢氧化钠、氢氧化钾、生石灰等碱类物质。氢氧根离子可以水解蛋白质和核酸，使微生物的结构和酶系统受到损害，同时可分解菌体中的糖类而杀灭细菌和病毒。尤其是对病毒和革兰阴性杆菌的杀灭作用最强，但其腐蚀性也强。

8. 重金属类消毒剂 重金属指汞、银、锌等，因其盐类化合物能与细菌蛋白结合，使蛋白质沉淀而发挥杀菌作用。硫柳汞高浓度可杀菌，低浓度时仅有抑菌作用。

9. 酸类消毒剂 酸类消毒剂的杀菌作用在于高浓度的能使菌体蛋白质变性和水解，低浓度的可以改变菌体蛋白两性物质的离解度，抑制细胞膜的通透性，影响细菌的吸收、排泄、代谢和生长。还可以与其他阳离子在菌体表现为竞争性吸附，妨碍细菌的正常活动。有机酸的抗菌作用比无机酸强。

10. 高效复方消毒剂 在化学消毒剂长期应用的实践中，单方消毒剂使用时存在的不足，已不能满足养鸡场对消毒的需要。近年来，国内外相继有数百种新型复方消毒剂问世，提高了消毒剂的质量、应用范围和使用效果。

（1）复方含氯消毒剂 复方含氯消毒剂中，常选的含氯成分主要为次氯酸钠、次氯酸钙、二氯异氰尿酸钠、氯化磷酸三钠等，配伍成分主要为表面活性剂、助洗剂、防腐剂、稳定剂等。在复方含氯消毒剂中，二氯异氰尿酸钠有效氯含量较高，易溶于水，杀菌作用受有机物影响较小，溶液的 pH 不受浓度的影响，故作为主要成分应用最多。

（2）复方季铵盐类消毒剂 季铵盐型阳离子表面活性剂能与蛋白质作用，具有良好的杀菌作用，作为复配的季铵盐类消毒剂主要为十二烷基、二甲基乙基苄基氯化铵和二甲基苄基溴化铵，其他的季铵盐为二甲乙基苄基氯化铵以及双癸季铵盐。常用的配伍剂主要有醛类（戊二醛、甲醛）、醇类（乙醇、异丙醇）、过氧化物类（二氧化氯、过氧乙酸）及氯己啶等。另外，尚有两种或两种以上阳离子表面活性剂配伍，如用二甲基苄基氯化铵与二甲基乙基苄基氯化铵配合能增加其杀菌力。

（3）含碘复方消毒剂　碘液和碘酊是含碘消毒剂中最常用的两种剂型，但并非复配时首选。碘与表面活性剂的不定型络合物碘伏是碘类复方消毒剂中最常用的剂型。阴离子表面活性剂、阳离子表面活性剂和非离子表面活性剂均可作为碘的载体制成碘伏，但其中以非离子型表面活性剂最稳定，故选用的较多。常见的为聚乙烯吡咯烷酮、聚乙氧基乙醇等，能杀死细菌、真菌、芽孢、病毒、结核杆菌、阴道毛滴虫、梅毒螺旋体、沙眼衣原体、艾可病病毒和藻类。对金属设施及用具的腐蚀性较低，低浓度时可以进行饮水消毒和带鸡消毒。

（4）醛类复方消毒剂　在醛类复方消毒剂中应用较多的是戊二醛，常见的醛类复配形式有戊二醛与洗涤剂的复配，降低了毒性，增强了杀菌作用。戊二醛与过氧化氢的复配，远高于单用戊二醛和过氧化氢的杀菌效果。

（5）醇类复方消毒剂　醇类消毒剂具有无毒、无色、无特殊气味及较快速杀死细菌繁殖体及分枝杆菌、真菌孢子、亲脂病毒的特性。由于醇的渗透作用，某些杀菌剂溶于醇中能增强杀菌作用，可杀死任何高浓度醇类都不能杀死的细菌芽孢。醇类常用的复配形式中以次氯酸钠与醇的复配为最多，其杀菌作用高于甲醇和次氯酸钠水溶液。乙醇与氯己定复配的产品很多，也可与醛类复配，亦可与碘类复配。

三、影响化学消毒效果的因素

（一）药物方面

1. 药物的特异性　同其他药物一样，消毒剂对微生物具有一定的选择性,某些药物只对某一部分微生物有抑制或杀灭作用,而对另一些微生物效力较差或不发生作用;也有一些消毒剂对各种微生物均具有抑制或杀灭作用(称为广谱消毒剂)。不同种类的化学消毒剂,由于其本身的化学特性和化学结构不同,故而其对微生物的作用方式也不相同,有的化学消毒剂作用于细胞膜或细胞壁,使之通透性发生改变,不能摄取营养;有的消毒剂通过进入菌体内使细胞浆发生改变;有的以氧化作用或还原作用毒害菌体;碱类消毒剂是以其氢、氧离子,而酸类是以其氢离子的解离作用阻碍菌体正常代谢;有些则是使菌体蛋白质、酶等生物活性物质变性或沉淀而达到灭菌消毒的目的。所以在选择消毒剂时,一定要考虑到消毒剂的特异性,科学地选择消毒剂。

2. 消毒剂的浓度 消毒剂的消毒效果,一般与其浓度成正比,化学消毒剂的浓度愈大,其对微生物的毒性作用也愈强。但这并不意味着浓度加倍,杀菌力也随之加倍。有些消毒剂低浓度时对细菌无作用,当浓度增加到一定程度时,可刺激细菌生长,再提高浓度可抑制细菌生长或杀死细菌。但是消毒剂浓度的增加是有限的,超越此限度时,并不一定能提高消毒效力,有时一些消毒剂的杀菌效力反而随浓度的增高而下降,如70%或77%的酒精杀菌效力最强,使用95%以上的浓度,杀菌效力反而不好,并造成药物浪费。

(二)微生物方面

1. 微生物的种类 由于不同种类微生物的形态结构及代谢方式等生物学特性的不同,其对化学消毒剂所表现的反应也不同。不同种类的微生物,如细菌、真菌、病毒、衣原体、支原体等,即使同一种类中不同类群如细菌中的革兰阳性细菌与革兰阴性细菌对各种消毒剂的敏感性并不完全相同。如革兰阳性细菌的等电点比革兰阴性细菌低,所以在一定的值下所带的负电荷多,容易与带正电荷的离子结合而被灭活。

2. 微生物的状态　同一种微生物处于不同状态时对消毒剂的敏感性也不相同。如同一种细菌，其芽孢因有较厚的芽孢壁和多层芽孢膜，结构坚实，消毒剂不易渗透进去，所以比繁殖体对化学药品的抵抗力要强得多；静止期的细菌要比生长期的细菌对消毒剂的抵抗力强。

3. 微生物的数量　同样条件下，微生物的数量不同对同一种消毒剂的作用也不同。一般来说，细菌的数量越多，要求消毒剂浓度越大或消毒时间也越长。

（三）外界因素方面

1. 有机物质的存在　当微生物所处的环境中有如粪便、痰液、脓液、血液及其他排泄物等有机物质存在时，严重影响到消毒剂的效果。所以应先用清水将地面、器具、墙壁、皮肤创口等清洗干净，再使用消毒药。对于有痰液、粪便及有鸡群的鸡舍消毒要选用受有机物影响比较小的消毒剂。同时适当提高消毒剂的用量，延长消毒时间，方可达到良好的效果。

2. 消毒时的温、湿度与时间　许多消毒剂在较高温度下的消毒效果比低温度下好，温度升高可以增强消毒剂的杀菌能力，并能缩短消毒时间。温度每升高 $10℃$，金属盐类消毒剂的杀菌作用增加 $2\sim5$ 倍，石炭酸则增加 $5\sim8$ 倍，酚类消毒剂增加 8 倍以上。湿度作为一个环境因素也能影响消毒效果，如用过氧乙酸及甲醛熏蒸消毒时，保持温度 $24℃$ 以上，相对湿度 $60\%\sim80\%$ 时，效果最好。如果湿度过低，则效果不良。在其他条件都一定的情况下，作用时间愈长，消毒效果愈好。消毒剂杀灭细菌所需时间的长短取决于消毒剂的种类、浓度及其杀菌速度，同时也与细菌的种类、数量和所处的环境有关。

3. 消毒剂的酸碱度及物理状态　许多消毒剂的消毒效果均受消毒环境 pH 的影响。如碘制剂、酸类、来苏儿等阴离子消毒剂，在酸性环境中杀菌作用增强。而阳离子消毒剂如新洁尔灭等，在碱性环境中杀菌力增强。又如 2‰戊二醛溶液，在 pH 4.0~5.0 的酸性环境下，杀菌作用很弱，对芽孢无效，若在溶液内加入碳酸氢钠碱性激活剂，将 pH 调到 7.5~8.5，即成为 2‰的碱性戊二醛溶液，杀菌作用显著增强，能杀死芽孢。另外，pH 也影响消毒剂的电离度，一般来说，未电离的分子，较易通过细菌的细胞膜，杀菌效果较好。物理状态影响消毒剂的渗透，只有溶液才能进入微生物体内，发挥应有的消毒作用，而固体和气体则不能进入微生物细胞中，因此，固体消毒剂必须溶于水中，气体消毒剂必须溶于微生物周围的液层中，才能发挥作用。所以，使用熏蒸消毒时，增加湿度有利于消毒效果的提高。

第四节　生物消毒法

　　生物消毒法是利用自然界中广泛存在的微生物在氧化分解污物中的有机物时所产生的大量热能来杀死病原体。在养鸡场中最常用是粪便和垃圾的堆积发酵，它是利用嗜热细菌繁殖产生的热量杀灭病原微生物。但此法只能杀灭粪便中的非芽孢性病原微生物和寄生虫卵，不适用于芽孢菌及患危险疫病鸡舍的粪便消毒。

　　粪便和土壤中有大量的嗜热菌、噬菌体及其他抗菌物质，嗜热菌可以在高温下发育，其最低温度界限为 35℃，适温为 50~60℃，高温界限为 70~80℃。在堆肥内，开始阶段由于一般嗜热菌的发育使堆肥内的温度达到 30~35℃，此后嗜热菌便发育而将堆肥的温度逐渐提高到 60~75℃，在此温度下大多数病毒及除芽孢以外的病原菌、寄生虫幼虫和虫卵在几天至 3~6 周内死亡。粪便、垫料采用此法比较经济，消毒后不失其作为肥料的价值。生物消毒方法多种多样，在养鸡场中常用的有地面泥封堆肥发酵法和坑式堆肥发酵法。

一、地面泥封堆肥发酵法

堆肥地点应选择在距离鸡舍、水池、水井较远处。挖一宽 3
米、两侧深 25 厘米向中央稍倾斜的浅坑，坑的长度据粪便的多
少而定。坑底用黏土夯实。用小树枝条或小圆棍横架于中央沟
上，以利于空气流通。沟的两端冬季关闭，夏季打开。在坑底铺
一层 30～40 厘米厚的干草或非传染病的动物粪便。然后将要消
毒的粪便堆积于上。粪便堆放时要疏松，掺入 10％马粪或稻草。
干粪需加水浸湿，冬天应加热水。粪堆高 1.2 米。粪堆好后，在
粪堆的表面覆盖一层 10 厘米厚的稻草或杂草，然后再在草外面
封盖一层 10 厘米厚的泥土。这样堆放 1～3 个月后即可达到消毒
目的。

二、坑式堆肥发酵法

在适当的场所设粪便堆放坑池若干个，坑池的数量和大小视
粪便的多少而定。坑池内壁最好用水泥或坚实的黏土筑成。堆粪
之前，在坑底垫一层稻草或其他秸秆，然后堆放待消毒的粪便，
上方再堆一层稻草或健康鸡群的粪便，堆好后表面加盖约 10 厘
米厚的土或草泥。粪便堆放发酵 1～3 个月即达消毒目的。堆粪
时，若粪便过于干燥，应加水浇湿，以便其迅速发酵。另外，在
生产沼气的地方，可把堆放发酵与生产沼气结合在一起。值得注
意的是，生物发酵消毒法不能杀灭芽孢。因此，若粪便中含有炭
疽、气肿等芽孢杆菌时，应焚毁或加有效化学药品处理。

第三章 鸡场常用消毒药物

消毒药一般是指通过物理、化学或生物的方法迅速杀灭病原微生物的一类药物。通过药物进行消毒可将病原微生物消灭于机体外面，切断传染病的传播途径，以达到控制传染病的目的。消毒药主要应用于环境、鸡舍、动物的排泄物、用具及器械等非生物表面的消毒。人们通常说的消毒药，一般是指化学消毒剂。

第一节　消毒剂的选择

根据鸡舍及周围病原微生物危害情况，选用最适合的消毒剂有助于将鸡场设施内或周围病原微生物的量减少到零或接近零的水平，为鸡群提供优良的环境以提高其健康水平并增加鸡场的利润。

理想消毒剂应具备以下条件：①抗微生物范围广，活性强；②有效浓度低、作用迅速、溶液有效寿命长；③性质稳定、分布均匀，不易受各种理化因素影响；④安全无毒，对人、动物安全，对金属、橡胶、塑料、衣物无腐蚀作用，消毒后无残留危害；⑤易溶于水，无臭、无味、无色；⑥价廉易得，便于大量运输并可大量生产；⑦使用安全、方便，无易燃、易爆性。

常用的鸡群消毒方法包括鸡舍消毒、环境消毒、水线消毒、料线消毒、带鸡消毒、饮水消毒等。实际生产中，常根据不同的消毒类别选择合适的消毒剂。

选用消毒剂时一般遵循以下原则：①广谱消毒，对各种病原微生物都具有强大的杀灭作用；②消毒效果显著，穿透力强，作用迅速；③水溶性好，性质稳定，不易氧化分解，安全性好；④消毒有效时间长，附着力、渗透性强大，并且深入裂缝、角落发挥全面消毒功能；⑤无腐蚀性，无刺激性，对物品、设施及动物皮肤无损伤；⑥价格低廉，无环境污染，使用方便；⑦根据鸡舍实际情况，制定合适的消毒程序，并在使用过程中不断修改、完善。

第二节 鸡场常用消毒剂

依据化学性质的不同，鸡场常用消毒剂可以划分为以下十大类。

一、卤素类消毒剂

是指通过物理或化学反应，产生次氯酸具有杀微生物活性的消毒剂，其杀微生物有效成分通常以有效氯表示。次氯酸分子量小，易扩散到细菌表面并穿透细胞膜进入菌体内，使菌体蛋白氧化导致细菌死亡。这类消毒剂包括无机氯化合物（如次氯酸钠、次氯酸钙、氯化磷酸三钠）和有机氯化合物（如二氯异氰尿酸钠、三氯异氰尿酸、月苄三甲氯胺、氯铵T等）。鸡场常用的此类消毒剂为三氯异氰尿酸和二氧化氯。三氯异氰尿酸通常采用点燃熏蒸的方式进行禽舍消毒，二氧化氯以采用饮水消毒方式为主。

1. 三氯异氰尿酸 白色结晶性粉末或粒状固体，具有强烈的氯气刺激味。三氯异氰尿酸是一种氧化性极强的氯化剂，具有高效、广谱、较为安全的特点，对细菌、病毒、真菌、芽孢等都有杀灭作用，对球虫卵囊也有一定杀灭作用。

三氯异氰尿酸是新一代的广谱、高效、低毒的杀菌剂、漂白剂和防缩剂，几乎对所有的真菌、细菌、病毒、芽孢都有杀灭作用，对杀灭甲肝、乙肝病毒具有特效，对性病毒和艾滋病毒也具有良好的消毒效果，使用安全方便。它主要用于禽蛋和鱼类等消毒杀菌以及环境、饮水、畜禽饲槽等场所的消毒，一般饮水消毒时采用粉剂按 4～6 毫克/千克配制使用，环境、用具消毒时按 200～400 毫克/千克进行配制。

2. 二氧化氯　是一种广谱消毒剂，世界卫生组织推荐的 AI 级消毒剂。可作为控制、扑灭疫情和常规消毒的首选产品，尤其对口蹄疫、猪水泡病、禽流感等病毒以及多种致病菌污染的器具、厩舍、场地等环境的消毒效果极佳；作为饮水消毒，食品卫生消毒，以及用于畜禽体表、黏膜创伤的消毒、脱毒、溶解坏死组织的疮痂处理等；也可作为动物皮肤真菌病及疥螨病等的治疗。一般用于畜禽饮水、喷雾、涂抹、环境等消毒使用。

二氧化氯具有较强氧化性，对病原分子具有极强的吸附和穿透能力，可将含巯基的酶氧化起到杀灭病原体作用，因而能杀灭所有病原微生物，如流感病毒、口蹄疫病毒、大肠杆菌、球虫卵囊、蝇蛆及真菌等，并且无需与其他消毒剂轮换使用；它还能够增加氧气，使禽舍空气清新。二氧化氯能氧化硫化氢、中和氨气，杀灭粪便中致病微生物阻止其发酵；正确使用本品无任何不良反应，无毒、无害、无残留。用于水体消毒时，在规定浓度下不损害浮游生物，对水体有消毒和增氧作用。

二、含碘消毒剂

碘具有强大的杀菌作用，也可杀灭细菌芽孢、真菌、病毒、原虫。碘酊是最有效的常用皮肤消毒药。含碘或碘化物的水溶液或醇溶液均可用于消毒。碘在水中的溶解度比较小，易挥发，一般用碘化物。三碘化物的溶解度是碘溶解度的数百倍，挥发性小。鸡场常用的此类消毒剂为聚维酮碘，其杀菌力比碘强，兼有清洁剂的作用，毒性低，刺激性小，储存稳定。

聚维酮碘，别名吡咯烷酮碘、碘洛酮、迪康利泰。聚维酮碘溶液在鸡场主要用于地面及环境消毒，其优点在于能够在溶剂中缓释出碘，以此可保持较长时间的杀菌力。聚维酮碘的杀菌机制是通过氧化病原体原浆蛋白的活性基团，同时 $80\% \sim 90\%$ 的结合碘可解离成游离碘，直接与病原体内的蛋白质氨基结合而使其变性、沉淀，以致病原体细胞死亡，从而有效地杀死细菌、芽孢、真菌、病毒及原虫等病原体，达到高效消毒杀菌的目的。它具有杀菌谱广、杀菌效力强、作用范围广、刺激性小以及黄染轻、易清洗、无过敏反应等特点。

复方聚维酮碘（牧翔药业"点无忧"）是一种高效新型的消毒防腐药，$0.1\% \sim 0.25\%$ 的溶液氧化作用对微生物起杀灭作用，对细菌的杀灭效果优于普通聚维酮碘，并对真菌孢子有一定的杀伤力，对白色念珠菌、金黄色葡萄球菌、大肠杆菌、枯草杆菌等均有显著的杀灭作用；对绿脓杆菌、白色念珠菌的杀灭所需时间与同浓度的复方碘溶液、碘酊相仿，毒性明显减少。市售聚维酮碘一般为 2% 的溶液。

三、酸类消毒剂

酸类包括无机酸和有机酸。无机酸具有强烈的刺激性和腐蚀性；有机酸主要表现为抗真菌。鸡场常用的此类消毒剂为过氧乙酸，又名过醋酸，是一种高效杀菌剂，其气体和溶液均具有较强的杀菌作用，可杀灭细菌、芽孢、真菌和病毒，主要用于禽舍、用具、衣物等消毒。

1. 硼酸 为白色粉末状结晶或三斜轴面鳞片状光泽结晶，有滑腻手感，无臭味。溶于水、酒精、甘油、醚类及香精油中，水溶液呈弱酸性。

硼酸具有比较弱的抑菌作用，但没有杀菌作用。由于硼酸刺激性小，多用来处理对刺激敏感的黏膜和鼻腔等，常用浓度为 $2\% \sim 4\%$。

2. 乙酸 又称醋酸，广泛存在于自然界，它是一种有机化合物，是典型的脂肪酸。被公认为食醋内酸味及刺激性气味的来源。

乙酸的危害是对鼻、喉和呼吸道有刺激性，对眼有强烈刺激作用。皮肤接触，轻者出现红斑，重者引起化学灼伤。

5％的醋酸溶液具有抗绿脓杆菌、嗜酸杆菌和假单胞菌属的作用。

四、碱类消毒剂

碱类消毒剂杀菌作用的强度取决于其解离的离子浓度，解离度越大，杀菌作用越强。碱对细菌和病毒的杀灭作用都较强，高浓度溶液可杀死芽孢。接触有机物时，碱类消毒剂的杀菌力稍微减低。碱类无臭无味，可作厩舍场地的消毒。鸡场常用的碱类消毒剂主要是氢氧化钠和生石灰（氧化钙）。

1. 氢氧化钠 又称苛性钠、火碱、烧碱，常温下是一种白色晶体，具有强腐蚀性。易溶于水，其水溶液呈强碱性，能使酚酞变红。氢氧化钠是一种极常用的碱，是化学实验室的必备药品之一。它的溶液可以用作洗涤液。1％～2％浓度的溶液可用于消毒厩舍、场地、车辆等，也可消毒食槽、水槽等。但消毒后的食槽、水槽应充分清洗，以防对口腔及食道黏膜造成损伤。5％溶液用于消毒炭疽芽孢污染的场地。

较浓的氢氧化钠溶液溅到皮肤上，会腐蚀表皮，造成烧伤。它对蛋白质有溶解作用，有强烈刺激性和腐蚀性，与酸烧伤相比，碱烧伤更不容易愈合。

2. 生石灰 白色或灰色粉末，具有吸湿性，与水结合而成氢氧化钙。

常用10％～20％的石灰水混悬溶液涂刷墙壁、地面和护栏等，也可用作排泄物的消毒；也可将生石灰直接加入被消毒的液体、排泄物、阴湿的地面、粪池及水沟等处。

生石灰不具有消毒作用，只有与水反应，变成熟石灰（氢氧化钙）后才有消毒作用，所以各饲养场在门口铺撒生石灰粉的做法是不科学的，除了吸湿作用外，其消毒作用不明显，只是一种心理安慰。熟石灰可以吸收空气中的二氧化碳，变成碳酸钙而失去杀菌作用。所以，用生石灰消毒时应先将其与水混合，并及时使用，如混合后存放时间越长，其消毒效果越差。

五、季铵盐类消毒剂

季铵盐类消毒剂是一种表面活性剂，又称为人工合成洗净剂，它是带有亲水基与疏水基的化合物，降低水的表面张力，促进液体的渗透、增溶、乳化及发泡等作用，具有杀菌和抑菌作用。

季铵盐类消毒剂通过改变微生物浆膜的通透性，使菌体物质外渗，阻碍其代谢导致微生物死亡。

鸡场常用的季铵盐类消毒剂为苯扎溴铵。该类消毒剂为黄白色蜡状固体或胶状体。易溶于水，微溶于乙醇。具有芳香气，味极苦。具有典型阳离子表面活性剂的性质，水溶液搅拌时能产生大量泡沫。性质稳定，耐光，耐热，无挥发性，可长期存放。

该类消毒剂是最常用的表面活性剂之一，具有清洁、杀菌、消毒和灭藻的作用，广泛应用于杀菌、消毒、防腐、乳化、去垢、增溶等方面，是迄今工业循环水处理中常用的非氧化性杀菌灭藻剂、黏泥剥离剂和清洗剂之一。在用于循环水系统的微生物控制与清洗时，其与新洁尔灭具有相似的活性，但在同等试验情况下，本品比新洁尔灭具有更好的杀菌活性。例如：在10毫克/升有效物的用量下，本品对异氧菌的杀灭率为98.9%，而新洁尔灭对异氧菌的杀灭率为98.3%。此外，该类消毒剂比新洁尔灭具有更低的毒性，具有同样的使用注意事项，通常情况下，其使用浓度为50~100毫克/升。该类消毒剂对杀菌、灭藻有高效、毒性小、可溶于水、不受水硬度影响、使用方便、成本低等优点。

科学养鸡步步赢丛书

六、过氧化物类消毒剂

过氧化物类消毒剂多依靠其强大的氧化能力来杀灭微生物。杀菌能力强。但这类药物不稳定，易分解，具有漂白和腐蚀作用。鸡场常用的此类消毒剂为过氧乙酸，又名过醋酸，是一种高效杀菌剂，其气体和溶液均具有较强的杀菌作用，可杀灭细菌、芽孢、真菌和病毒，主要用于厩舍、用具和衣物等消毒。

过氧乙酸溶于水、醇、醚、硫酸。属强氧化剂，极不稳定。在-20℃环境下也会爆炸，浓度大于45%就有爆炸性，遇高热、还原剂或有金属离子存在都会引起爆炸。

过氧乙酸对眼睛、皮肤、黏膜和上呼吸道有强烈的刺激作用。吸入后可引起喉、支气管的炎症、水肿、痉挛、化学性肺炎、肺水肿。接触后可引起烧灼感、咳嗽、喘息、喉炎、气短、头痛、恶心和呕吐。

本品系广谱、速效、高效灭菌剂，其气体和溶液均具有较强的杀菌作用。它可以杀灭一切微生物，对病毒、细菌、真菌及芽孢均能迅速杀灭，可广泛应用于各种器具及环境消毒。0.2%溶液接触10分钟基本可达到灭菌目的。可用于鸡舍和环境消毒。

市售过氧乙酸一般为20%的过氧乙酸溶液。

七、醛类消毒剂

醛类消毒剂为一种活泼的烷化剂，作用于微生物蛋白质中的氨基、羧基、羟基和巯基，从而破坏蛋白质分子，使微生物死亡。鸡舍常用的醛类消毒剂为戊二醛。此外，甲恩醛作为某些进口国外新研制的复合新消毒剂成分，也具有很好的稳定性和安全性。

戊二醛为带有刺激性气味的无色透明油状液体，溶于热水，可作杀菌剂。对眼睛、皮肤和黏膜有强烈的刺激作用。

戊二醛属高效消毒剂，具有广谱、高效、对金属腐蚀性小、受有机物影响小、稳定性好等特点。适用于鸡舍及周围环境的消毒与灭菌。

复方稀戊二醛溶液（牧翔药业"全师傅"），对多种病毒、细菌、球虫、支原体、真菌等病原微生物均有强效杀灭作用，常用于动物厩舍、环境、饲养器具等消毒，用量一般为 0.01% ~ 2%。市售的戊二醛一般为 2% 的稀溶液。

八、酚类消毒剂

酚类是一种表面活性物质，主要通过损害菌体细胞膜，使蛋白变性，抑制细菌脱氢酶和氧化酶的活性等方式产生抑菌作用。

酚类消毒剂大多数对不产生芽孢的繁殖型细菌和真菌有较强的杀灭作用，但对芽孢和病毒作用不强，其抗菌活性不受环境中有机物和细菌数的影响，可消毒排泄物等，化学性质稳定，贮藏或遇热等一般不会影响药效。酚类常用的消毒剂为苯酚。

苯酚又称石炭酸，为无色或微红色针状结晶或结晶状块。有特臭气味，吸湿，溶于水和有机溶剂。水溶液呈酸性，遇光或暴露空气后颜色渐深。碱性环境、脂类、皂类等能减弱其杀菌作用。

苯酚主要通过凝固微生物蛋白起到较强的杀菌作用，5% 的溶液可在 48 小时内杀死炭疽芽孢，2% ~ 5% 的苯酚溶液可用于厩舍、器具、排泄物的消毒处理。

九、染料类消毒剂

分为碱性（阳离子）染料和酸性（阴离子）染料，前者抗菌作用强于后者。染料类消毒剂有乳酸依沙丫啶和甲紫。前者又名雷佛奴耳，属黄色素类染料；后者对革兰阳性菌有强大的选择作用，也有一定的抗真菌作用。

十、其他消毒剂

松馏油和鱼石脂软膏。前者能够防腐、溶解角质、止痒、促进炎性物质吸收和刺激肉芽生长；后者可用于消炎、消肿、促进肉芽组织生长。

第三节 消毒剂使用注意事项

消毒剂主要采用化学方法杀灭病原微生物以达到净化养殖环境的目的。有的消毒剂在低浓度时有抑菌作用可作为防腐剂使用，在高浓度时杀菌（如 0.1％硫柳汞）。由于消毒剂具有无选择性毒性，即它不仅能杀死病原菌，同时对人体组织细胞也有损害作用，因此，一般只作消毒剂外用。常见外用于体表（伤口、皮肤、黏膜）、物品（食具、器械、排泄物）和周围环境（鸡舍内外环境）的消毒。

伴随我国养禽业向规模化、集约化方向发展的趋势，疾病预防工作意义重大。消毒更是一件不能马虎的事，虽然多数养殖场重视这一点，但实际工作中由于缺乏对影响消毒剂作用效果诸多因素的考虑，常常造成消毒效果不理想。

一、消毒剂用途匹配、针对性强

化学消毒剂由于化学结构和性质的不同，对微生物攻击部位和作用方式各异。例如作用于细胞膜的消毒剂，可使细胞膜透性发生障碍；氧化剂可与细菌的酶结合，影响细菌代谢；重金属盐类、酚、醛和醇等都能使蛋白质变性或沉淀等。因此，在选择消毒药时，必须注意药物性质和使用目的。例如，75％乙醇能迅速通过细胞膜，溶解膜中脂类同时使细菌蛋白质变性，杀菌力强，但对芽孢作用不大，其主要用于皮肤、手、体温计及器械的消毒。无水乙醇能很快凝固菌体表面蛋白，妨碍乙醇向内渗入，故影响杀菌效果。酚类及来苏儿能杀死营养型细菌，对芽孢作用不大。酚类化合物主要使菌体蛋白质变性，也能使细胞壁和细胞膜损伤，致使菌体内容物漏出。

依据鸡舍常见的病原微生物，选择适宜的消毒剂。杀灭病毒、芽孢，应选用具有较强杀灭作用的氢氧化钠、甲醛等消毒剂；进行皮肤、用具消毒或带鸡消毒，应选用无腐蚀、无毒性的表面活性剂类消毒剂，如新洁尔灭、洗必泰、度米芬、百毒杀、畜禽安等；进行饮水消毒，应选用容易分解的卤素类消毒剂，如漂白粉、次氯酸钙等。

二、消毒剂搭配合理，注意配伍禁忌

为了增强杀菌效果或降低病原微生物耐药性，有时可将两种及两种以上的消毒剂配合使用，如可用高锰酸钾与甲醛配合进行熏蒸消毒；可将 $1\% \sim 1.5\%$ 高锰酸钾加入 1.1% 盐酸溶液中应用；可将氯化铵或硫酸铵与氯胺按 $1:1$ 的比例配合使用。同时需注意理化配伍禁忌，如酸性消毒剂不能与碱性消毒剂配合使用；肥皂、合成洗涤剂等阴离子表面活性剂不能与新洁尔灭、洗必泰等阳离子表面活性剂配合使用；氧化剂（高锰酸钾、过氧乙酸）不可与还原剂（碘酊）搭配使用。

三、消毒剂用量合理

消毒剂浓度高并不代表杀菌作用强，消毒效果与药物浓度呈抛物线关系，浓度太高或太低，消毒效果都不理想。一般来说，消毒剂的浓度越高，杀菌力也就越强，但当浓度达到一定程度，即使浓度再高，杀菌效果也不再增强。因此，根据消毒用途不同选择最佳的浓度区间尤为重要。例如，乙醇（酒精）的最适消毒浓度是 $70\% \sim 75\%$，低于 50% 或高于 80% 都会影响杀菌效果。

有些消毒剂低于其有效浓度时使用不但没有效果，还会加速微生物生长和繁殖，如酚类消毒剂。另外，消毒剂调制浓度必须

符合说明书和消毒目标的要求，如菌毒清用于种蛋消毒时，应按
1：400加水稀释；用于环境、器械消毒时，应按1：500加水稀
释；用于饮水消毒时，则需按1：2 000加水稀释。

四、环境温度适宜

一般而言，消毒剂的杀菌作用与环境温度呈正比例关系。通
常情况下，环境温度每增加10℃，消毒效果将增强1～2倍。例
如甲醛在0℃环境下几乎没有消毒作用，而作为消毒剂使用时，
要求环境温度不低于15℃。因此，冬季进行消毒时应适当提高
环境温度来增强杀菌效果。但是有些消毒剂不宜在高温条件下使
用，如以氯和碘为主要成分的消毒剂，在高温条件下有效成分会
很快消失。

五、环境湿度合适

空气湿度会影响消毒效果。使用甲醛溶液进行熏蒸消毒或使
用过氧乙酸进行喷雾消毒时，最适相对湿度为60%～80%，如
果湿度太低，应先喷水提高湿度。使用环氧乙烷对服装、橡胶制
品进行消毒时，最适宜的相对湿度为30%～50%。生石灰一般
也在湿度较大的环境中使用效果较好。

六、消毒剂使用水质状况良好

水质的酸碱度与某些消毒剂的杀菌效果密切相关。含氯消毒
剂如伏氯净速消、84消毒液，环境pH越高，杀菌作用越弱；
pH越低，杀菌作用愈强，当pH为4.0时，杀菌作用最强。复
合碘类消毒剂要求pH在2.0～5.0的范围内使用，苯甲酸、过
氧乙酸等酸性消毒剂必须在酸性环境中才有效。洗必泰、百毒杀
等季铵盐类消毒剂的杀菌作用随pH升高而明显加强，洗必泰等
季铵盐类消毒剂在碱性环境中的杀菌作用会增强。此外，除了充
分考虑环境中的酸碱性以外，还要注意水质酸碱性及硬度。硬水

中的钙、镁离子可与季铵盐类、洗必泰、碘等形成不溶性盐类，影响消毒效果。因此使用消毒剂前最好作水质状况测评。

七、消毒剂作用时间合理

一般情况下，消毒剂的作用效力与作用时间成正比。消毒剂与微生物接触时间越长，灭菌效果越好；作用时间如果太短，往往不能到达消毒的目的。例如使用石灰乳对粪便进行消毒时，石灰乳与粪便至少应接触 2 小时以上；加热 3%～5% 的过氧乙酸进行空舍熏蒸消毒时，应密闭门窗 1～2 小时；使用高锰酸钾与福尔马林进行禽舍内空气熏蒸消毒时，应密闭门窗 10 小时。

因此，为了充分发挥灭菌作用，应用消毒剂时必须按各种消毒剂的特点，达到规定的作用时间。

八、环境中有机物含量少

消毒剂与有机物（特别是蛋白质）具有不同程度的亲和力，消毒剂的抗菌效果与环境中存在的有机物含量多少成反比。有机物量越多，消毒效果越差。环境中存在大量的有机物，如粪便、尿、污血、炎性渗出物等，一方面能阻碍消毒剂与病原微生物直接接触，从而影响消毒剂效力的发挥；另一方面，由于这些有机物往往能中和并吸附部分药物使消毒效果减弱。彻底地清洁是有效消毒的前提，因此在使用消毒剂时，为了能使消毒剂与微生物充分接触发挥其药效，对禽舍内工具、车辆、地面、墙壁或物品的消毒应选择在垃圾和脏物清洗干净后进行。

九、加强防护，防止腐蚀

除了强酸、强碱外，甲醛、复合酚类消毒剂、高浓度的高锰酸钾溶液等对皮肤、黏膜都有腐蚀作用。漂白粉对金属有腐蚀作用，过氧乙酸会刺激人的眼、鼻黏膜。使用这类药物时必须注意既要防止损坏器具，又要做好自身防护。

十、其他事项

养禽场一般最好有 2~3 种消毒剂，可交替使用，充分发挥其杀菌互补作用，效果比单独使用一种要好，同时又不易产生耐药性。

消毒过程中要注意人身防护，防止腐蚀。使用这类药物时应穿隔离衣、胶靴，戴口罩、眼镜、手套。

此外，应做好消毒记录，包括消毒日期、消毒场所、消毒剂名称、消毒浓度、消毒方法、消毒人员签字等内容，记录要求保存 2 年以上。

第四章 鸡场常用消毒设备

根据消毒方法、消毒性质不同，消毒设备也有所不同。消毒工作中，由于消毒方法的种类很多，要根据具体消毒对象的特点和消毒要求确定使用哪种消毒设备。消毒过程中，除需要了解消毒概念以及选择适当的消毒剂外，还要了解消毒时采用的设备是否适当，以及操作中的注意事项等。同时还需注意，无论采取哪种消毒方式，都要做好消毒人员的自身防护。

第一节　物理消毒设备及使用方法

物理消毒灭菌技术在动物养殖和生产中具有独特的特点和优势。①物理消毒灭菌一般不改变被消毒物品的形状与原有组分，能保持饲料和食物固有的营养价值；②物理消毒灭菌不产生有毒有害物质残留，不会造成被消毒灭菌物品的二次污染；③物理消毒灭菌一般不影响被消毒物品的性状；④物理消毒对周围环境的影响小。但是大多数物理消毒灭菌技术往往操作比较复杂，需要大量的机械设备，而且成本较高。

养殖场物理消毒主要有紫外线照射、机械清扫、洗刷、通风换气、干燥、煮沸、蒸汽、火焰焚烧等。依照消毒的对象、环节等，需要配备相应的消毒设备。

一、机械清扫、冲洗设备

（一）机械清扫的意义

清洁的环境是做好消毒灭菌的一个重要环节。如果不先进行有效的机械清除，则化学消毒剂很难达到作用效果。但必须注意的是，机械性清除不能达到彻底消毒灭菌的目的，必须配合其他消毒灭菌方法进行。

用机械的方法清洁环境，通过清扫、清洗、洗刷、擦拭、填埋和通风等清除有害微生物和寄生虫（卵）等，是最普通和常用的技术。包括圈舍地面的清扫和清洗、动物被毛的刷洗等，可以将圈舍内的粪便、垫草、饲料残渣等清除干净，并去除动物体表的污物。随着这些污物的清除，大量的有机污染物和病原体也被清除。

在清除之前，应根据清扫的环境是否干燥和可能存在的病原体的危害程度，决定是否需要先用清水或某些化学消毒剂进行喷洒，防止打扫时尘土飞扬，从而造成病原体随着飞扬的尘埃进行扩散和传播，影响人和动物健康。通风也具有消毒的实际意义，尤其是对呼吸道疾病，虽然不能杀灭病原体，但可以减少环境中病原体的数量。通风不良是动物冬季呼吸道疾病高发的主要原因。

通过机械清除还可以去除饲料中一些坚硬、锋利的杂质，降低了损伤消化道黏膜而引发条件病原体感染致病的可能性，因此也具有消毒的实际意义。

（二）高压清洗机

机械清扫的主要设备是高压清洗机，其主要用途是冲洗养殖场场地、畜禽圈舍建筑、养殖场设施、设备、车辆和喷洒药剂等。

高压清洗机设计上应非常紧凑，电机与泵体可采用一体化设计。现以最大喷洒量为 450 升/小时的产品为例，对主要技术指标和使用方法进行介绍。它主要由高压管及喷枪柄、喷枪杆、三孔喷头、洗涤剂液箱以及系列控制调节件组成。内藏式压力表置于枪柄上。三孔喷头药液喷洒可在强力、扇形、低压 3 种喷嘴状态下进行。操作时连续可调压力和流量控制，同时设备带有溢流装置及带有流量调节阀的清洁剂入口，使整个设备坚固耐用，操作方便（图 4-1）。

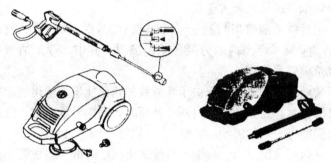

图 4-1　高压清洗机结构示意图

（引自田文霞《兽医防疫消毒技术》，2007）

技术参数：电源电压（1～50 赫兹）230 伏，连接负载 2.0 千瓦。工作参数：工作压力（最大）20～120 巴，水流量 450 升/小时。洗涤剂吸入量 0～25 升/小时，噪声容限 74 分贝。外形尺寸长 508 毫米、宽 255 毫米、高 284 毫米，带附件后整机重量 14 千克。

操作中的注意事项：按照操作说明正确连接设备，设备上装配有一个高压操作开关，只有喷枪上的开关压下时，电机才开始工作。

先不连接高压管，泵也可以工作；直至高压出口处没有气泡产生时，再连接高压管开始工作。如果使用洗涤剂操作时，第一步：松散脏物，将洗涤剂喷洒在污物上，反应一段时间；第二步：去除脏物，将松散后的脏物冲走。

二、紫外线灯

紫外线灯（低压汞灯）可进行空气、水及物体表面的消毒。常用于手术室、无菌室及实验室的空气消毒。

其基本工作原理是通过紫外线对微生物进行一定时间的照射，用以维持细菌或病毒生命的核蛋白核酸分子因大量吸收紫外线而发生变性，从而破坏了其生理活性，使其吸收的能量达到致死量，细菌或病毒便大量死亡。

紫外线杀菌效率与其能量的波长有关，一般能量的波长在240～280纳米范围内的为最佳杀菌波段，其中253.7纳米的紫外线杀菌效率最高。

紫外线灯的杀菌力取决于紫外线的输出能量，输出能量决定于灯的类型、瓦数和使用时间。使用时，周围温度对紫外线灯的输出强度有一定的影响，一般在室温条件（27～40℃）输出强度最大，周围温度过高、过低都会使输出强度降低。当灯管温度由27℃下降至4℃时，输出强度可下降65％～80％。

紫外线灯的种类较多，随种类不同放射出的紫外线波长也不同。防疫消毒常用的是低压汞灯，使用最多的是热阴极低压汞灯。电极放射电子，冲击封闭于特种玻璃管内的低压汞蒸气，其发射的紫外线波长95％为253.7纳米。另外还有冷阴极低压汞灯，以高压（2 000～6 000伏）电极使管内低压气体电离后导电，发射出紫外线，可产生较多253.7纳米波长的紫外线。但因需高压，一般很少使用。

目前，国产消毒用的紫外线灯光的波长绝大多数在253.7纳米左右，灯管形式多样，如直管形、H形、U形等，功率从数瓦到数十瓦不等。常用的有30瓦（1米长）、20瓦（60厘米长）、15瓦（46.7厘米长）等几种规格，使用寿命在3 000小时左右。

（一）用于空气消毒的紫外线灯

用于空气消毒的紫外线灯主要是热阴极低压汞灯，它是用钨制成双螺旋灯丝，涂上碳酸盐混合物，通电后发热的电极使碳酸盐混合物分解，产生相应的氧化物，并发射电子，电子轰击灯管内的汞蒸气原子，使其激发产生波长为 253.7 纳米的紫外线，具有较强的杀灭微生物的作用。普通紫外线灯管由于照射时辐射 184.9 纳米波长段的紫外线，故可产生臭氧，也称为臭氧紫外线灯。而低臭氧紫外线灯，由于灯管玻璃中含有可吸收波长小于 200 纳米紫外线的氧化钛，所以产生的臭氧量很小。高臭氧紫外线灯在照射时可辐射较多 184.9 纳米波长的紫外线，所以产生较高浓度的臭氧。

用于空气消毒的紫外线灯安装有以下 3 种方式。

1. 固定式照射　将紫外线灯悬挂、固定在天花板或墙壁上，离地面 2.5 米左右，向下或侧向照射。安装在天花板上的，灯管下安装金属反光罩，使紫外线反射到天花板上。安装在墙壁上的，反光罩斜向上方使紫外线照射在与水平面成 3°～80°角的范围内（图 4 - 2）。

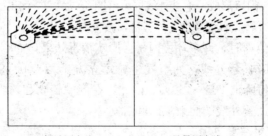

側壁固定式　　　　悬吊固定式

图 4 - 2　固定式紫外线灯空气消毒装置
（引自田文霞《兽医防疫消毒技术》，2007）

这样上部空气可受到紫外线的直接照射，用人工或自然的方法使上下层空气都可以消毒。通常每 6~15 米³ 空气用 1 支 15 瓦的紫外线灯。在直接照射时每平方米地板面积需 1 瓦电能，即每 9 米² 需 1 支 30 瓦紫外线灯。在无菌罩内，以底面积计算，强度不应低于每平方米 4 瓦。

该方式多用于需要经常进行空气消毒的场所，如兽医室、进场大门消毒室等。一般在无人状态下，房间内每立方米空间所装紫外线灯管的功率达到 2~2.5 瓦时，照射 1 小时以上，可达到一定的消毒效果；有人时应特别注意对人的防护，照射强度小于 1 瓦/米³，每 2 小时间隔 1 小时或每 40 分钟间隔 1 小时。

2. 移动式照射　将紫外线灯管装于活动式灯架上。一般用 4 支 30 瓦紫外线灯管装于直径 0.3 米的铝制圆筒内，在一端装以每分钟 28 米³ 流量的风扇（图 4 - 3）。这种装置是依靠风扇使空气流经紫外线通道而消毒。通风时，进入或流出空气达到本房间容量时，计换气 1 次。每次换气可消除病原菌数的 63.2%。

移动式照射适于不需要经常进行消毒或不便于安装紫外线灯管的场所。消毒效果依据照射强度不同而异，如能达到足够的辐射度值，同样可获得较好的消毒效果。

3. 紫外线屏幕　在建筑物出入口的门框上安装带有反光罩紫外线灯，可在门口形成一道紫外线屏幕（图 4 - 3）。一个出入口可安装 5 支 20 瓦灯管。空气经过这种屏幕，微生物数可减少 92%~99%。

空气消毒时，许多环境因素会影响消毒效果，如空气的湿度和尘埃能吸收紫外线，如空气尘粒每立方米为 800~900 个时，杀菌效果将降低 20%~30%。因此，在湿度较高和粉尘较多时，应适当增加紫外线的照射强度和时间。

4. 使用注意事项

（1）消毒时，应关闭门窗。一般情况下工作人员应该离开房间，不要直接暴露于紫外线下，以免伤害眼睛和皮肤。在场的工作人员必须戴防护眼罩进行适当的眼睛防护，消毒后待臭氧分解后再进入。

（2）固定式照射时，在有人的情况下，灯的功率平均每立方米不得超过1瓦，且每次工作2小时需间隔1小时，以便于工作通风减少臭氧；在无人的情况下，灯的功率可增加到每立方米2~2.5瓦。

（3）使用时，不要频繁开闭紫外线灯，以延长紫外线灯的使用寿命。

（4）注意保持灯管的清洁，灯管表面应经常（一般每两周1次）用酒精棉球轻轻擦拭，除去上面的灰尘与油垢，以减少对紫外线穿透的影响。

（5）消毒时，房间内应保持清洁干燥，空气中不应有灰尘或水雾。温度应保持在20℃以上，相对湿度不宜超过60%。

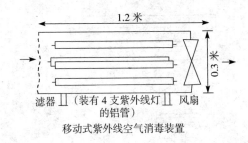

移动式紫外线空气消毒装置

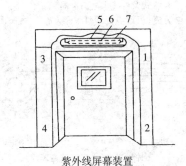

紫外线屏幕装置

1~5.紫外线灯的位置　6.紫外线灯　7.反光罩

图4-3　移动式紫外线灯空气消毒装置和紫外线灯屏幕装置

（引自田文霞《兽医防疫消毒技术》，2007）

（二）用于水消毒的紫外线灯

紫外线灯在水消毒中的应用，近年来深受重视。用紫外线消毒水的优点是水中不必添加其他消毒剂或提高温度。由于紫外线的穿透力有限，因此水的深度会影响消毒效果。此外，水中的杂质、溶解的有机盐、硅藻土等也会影响杀菌效果。

用于水消毒的装置可呈管道状，水由一侧进入，另一侧流出。管道内安装紫外线灯，注意灯管不应浸于水中，以免降低灯管温度，减少输出强度。流过的水一般不超过2厘米。常用的装置有以下两种。

1. 直流式紫外线水液消毒器 使用30瓦灯管一支，每小时

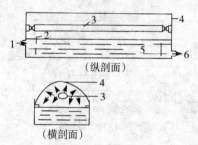

（纵剖面）

（横剖面）

直流式紫外线水液消毒器
1.水流入口 2.分流板 3.紫外线灯 4.反光置 5.阻流板 6.出口

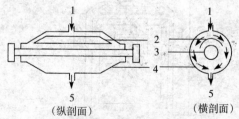

（纵剖面） （横剖面）

套管式紫外线水液消毒器
1.水流入口 2.挡水板 3.紫外线灯 4.外罩 5.出口

图4-4 直流式和套管式紫外线水液消毒器

（引自田文霞《兽医防疫消毒技术》，2007）

可处理约 2 000 升水，微生物灭活指数可达 1.0×10^4（图 4 - 4）。

2. 套管式紫外线水液消毒器　这种装置可使水沿外管壁形成薄层流到底部，水流动时受到紫外线的充分照射，每小时可消毒 150 升水（图 4 - 4）。

（三）用于污染物表面消毒的紫外线灯

紫外线灯在消毒污染物表面时，可采取固定吊装或移动式装置。固定吊装的灯管，在灯管上部安设反光罩，将紫外线反射到下面的污染表面。移动式装置的结构一般用台式，用反光罩应能转动，使紫外线反射到待消毒的污染物表面。照射时，灯管距离污染表面不宜超过 1 米，照射 30 分钟左右。

注意：选用合适的反光罩，增强紫外线灯光的辐照强度。

三、干热灭菌设备

干热灭菌法是热力消毒和灭菌常用的方法之一，它包括焚烧、烧灼和热空气法。

焚烧是用于传染病畜禽尸体、病畜垫草、病料及污染的杂草、地面等的灭菌，可直接点燃或在炉内焚烧；烧灼是直接用火焰进行灭菌，适用于微生物实验室的接种针、接种环、试管口、玻璃片等耐热器材的灭菌；热空气法是利用干热空气进行灭菌，主要用于各种耐热玻璃器皿，如试管、吸管、烧瓶及培养皿等实验器材的灭菌。这种灭菌法是在一种特制的电热干燥器内进行的。由于干热的穿透力低，因此，箱内温度上升至 160℃后，保持 2 小时才可保证杀死所有的细菌及其芽孢。

（一）电热鼓风干燥箱

1. 用途　对玻璃仪器如烧杯、烧瓶、试管、吸管、培养皿、玻璃注射器、针头、滑石粉、凡士林及液体石蜡等灭菌。按照兽医室规模进行配置。

2. 构造及作用原理 电热干燥箱主要由箱体、电热丝、温度调节器等组成（图4-5）。箱体是由双层金属板、中间夹有绝热材料（石棉或玻璃纤维）制成的长方形箱，内有放置试品的工作室，由网式隔板隔成数层。箱门有两道，一道为玻璃门，用以观察室内情况，另一道为有绝热层的金属隔热门。箱顶有排气孔，顶盖中央有一插入温度计的小孔（当采用接点温度计时，箱顶还设有一个供插入水银温度计的小孔）。箱底有进气孔，便于

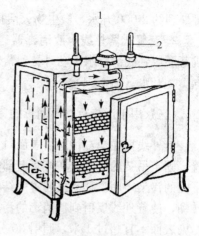

1.排气孔　2.温度计

图4-5　电热干燥箱示意图
(引自田文霞《兽医防疫消毒技术》，2007)

干燥空气进入，以促使工作室热空气流通。箱侧控制层内装有指示灯、温度调节器等零件。箱底夹层装有电热丝作为热源。箱上或侧面装有特殊材料制成的自动温度调节器，对冷、热极为敏感。冷则收缩，使电路接通，温度上升；热则膨胀，使电路截断，温度下降。冷至一定程度时，电路又接通，温度又上升。近年来多使用温度调节器接点温度计（又名导电表），将接点温度计插入顶盖中央小孔内，把温度计内的金属丝调至所需温度上。当温度计内的水银柱上升与该金属丝接触时，电路截断，温度下降，水银离开金属丝时，电路又接通。因此，温度的控制比其他温度调节器灵敏。

3. 使用方法 安上电源插头，开启电源开关，绿色指示灯明亮，表示电源接通，然后设定所需温度；灭菌时，应开启箱顶上的活塞通气孔，使冷空气排出，待升至60℃时，将活塞关闭。

4. 注意事项 ①干燥箱必须放置在干燥平稳处；②使用时，

随时注意温度计的指示温度是否与所需温度相同；③灭菌时，要使温度逐渐升降，切忌太快；④为了避免玻璃器皿炸裂，灭菌后降至 60℃时，才能开启箱门取出物品；⑤灭菌温度不能超过170℃，以免棉塞或包扎纸被烤焦；⑥灭菌过程中勿打开箱门放入物品；⑦灭菌时，如遇箱内冒烟，温度突然升高，应立即切断电源，关闭排气小孔，箱门四周用湿毛巾堵塞，杜绝氧气进入；⑧不用时，切断电源，确保安全。此外，干热灭菌时，由于热的穿透力低，灭菌时间要掌握好，一般细菌繁殖体在 100℃经 1.5小时才能杀死，芽孢 140℃经 3 小时能杀死，真菌孢子100～115℃经 1.5 小时能杀死。灭菌时也可将待灭菌的物品放进烘箱内，使温度逐渐上升到 160～170℃，热穿透至被消毒物品中心，经 2～3 小时可杀死全部细菌及芽孢。

（二）火焰灭菌设备

1. 用途　直接用火焰灼烧，可以立即杀死存在于消毒对象的全部病原微生物。

2. 产品特点　产品分火焰专用型和喷雾火焰兼用型两种。专用型特点是使用轻便，适用于大型机种无法操作的地方；便于携带，适用于室内外和小、中型面积处，方便快捷；操作容易，打气、按电门，即可发动，按气门钮，即可停止；全部采用不锈钢材料，机件坚固耐用。

兼用型除上述特点外，还具有以下特点：一是节省药剂，可根据被使用的场所和目的不同，用旋转式药剂开关来调节药量；二是节省人工费，用 1 台烟雾消毒器能达到 10 台手压式喷雾器的作业效率；三是消毒彻底，消毒器喷出的直径 5～30 微米的小粒子形成雾状浸透在每个角落，可达到最大的消毒效果。

3. 主要技术指标　药箱容量 6.5 升，油箱容量 1.5 升，药物喷射量 50 升/小时，耗油量 2 升/小时，冷却方式一般采用空冷式，烟雾喷射距离 10 米，火焰喷射距离在 2～3 米，启动方式为自动或手动。

四、湿热灭菌设备

湿热灭菌法是热力消毒和灭菌的又一种常用方法，它包括煮沸消毒法、流通蒸汽消毒法和高压蒸汽灭菌法。

（一）消毒锅

1. 用途 消毒锅用于煮沸消毒，适用于一般器械如刀剪、注射器等金属和玻璃制品及棉织品等的消毒。这种方法简单、实用、杀菌能力比较强，效果可靠，是最古老的消毒方法之一。消毒锅一般使用金属容器，煮沸消毒时要求水沸腾后 5～15 分钟，一般水温能达到 100℃，细菌繁殖体、真菌、病毒等可立即死亡。而细菌芽孢需要的时间比较长，要 15～30 分钟，有的要几小时才能杀灭。

2. 煮沸消毒时注意事项 被消毒物品应先清洗再煮沸消毒；除玻璃制品外，其他消毒物品应在水沸腾后加入；被消毒物品应完全浸于水中，一般不超过消毒锅总容量的 3/4；消毒过程中如中途加入物品，需待水煮沸后重新计算时间；棉织物品煮沸消毒时应适当搅拌；消毒注射器材时，针筒、针头等应拆开放置；经煮沸灭菌的物品，"无菌"有效期不超过 6 小时；一些塑料制品等不能煮沸消毒。另外，煮沸消毒时，消毒时间应从煮沸后算起，各种器械煮沸消毒时间见表 4-1。

表 4-1 各类器械煮沸消毒时间

消毒对象	时间（分钟）
玻璃类器材	20～30
橡胶类及电木类器材	5～10
金属类及搪瓷类器材	5～15
接触过传染病料的器材	＞30

（二）流通蒸汽灭菌器

流通蒸汽消毒设备的种类很多，比较理想的是流通蒸汽灭菌器（图 4-6）。

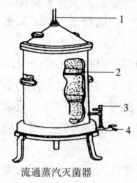

流通蒸汽灭菌器

1.温度计　2.隔板　3.进水口　4.排水孔

手提式高压蒸汽灭菌器

1.安全活塞　2.压力表　3.排气活塞
4.放气软管　5.消毒桶　6.筛板

图 4-6　流通蒸汽灭菌器和手提式高压蒸汽灭菌器
（引自田文霞《兽医防疫消毒技术》，2007）

1. 基本结构　包括蒸汽发生器、蒸汽回流、消毒室及其支架。

2. 基本原理　蒸汽由底部进入消毒室，经回流罩再返回至蒸汽发生器内，这样蒸汽消耗少，只需维持较小火力即可。

3. 使用注意事项　流通蒸汽消毒时，消毒时间应从水沸腾后有蒸汽冒出时算起，消毒时间同煮沸法；消毒物品包装不宜过大、过紧，吸水物品不要浸湿后放入；因在常压下，蒸汽温度只能达 100℃，维持 30 分钟只能杀死细菌的繁殖体，但不能杀死细菌芽孢和霉菌孢子，所以有时必须采用间歇灭菌法，即用蒸汽灭菌器或用蒸笼加热至约 100℃ 维持 30 分钟，每天进行 1 次，连续 3 天。每天消毒完后都必须将被灭菌的物品取出放在室温或 37℃ 温箱内过夜，提供芽孢发芽所需条件。对不具备芽孢发芽条件的物品不能用此法灭菌。

（三）高压蒸汽灭菌器

高压蒸汽灭菌为杀菌效果最好的灭菌法。利用高压蒸汽灭菌器进行灭菌，通常压力表达到约 100 千帕，此时温度达 121.3℃，经 30 分钟，即可杀灭所有的细菌繁殖体和芽孢。此法常用于耐高热的物品，如普通培养基、玻璃器皿、金属器械、敷料及橡皮手套等的灭菌。

1. 常用的高压蒸汽灭菌器及其使用方法　目前使用的高压灭菌器分为两类：下排气式高压灭菌器和程控预真空压力蒸汽灭菌器。前者下部设有排气孔，用以排出内部的冷空气；后者连有抽气机，通入蒸汽前先抽真空，以利于蒸汽的穿透。我国近年来使用的大多为下排气式高压灭菌器。

（1）手提式高压灭菌器　属于下排气式高压灭菌器，是实验室、基层兽医站、防疫单位常用的轻型高压蒸汽灭菌器。

①基本结构：该灭菌器（图 4-6）为一锅炉状的双层金属圆桶，两层之间下部盛水，内桶有一活动金属板，隔板有许多小孔，使蒸汽流通。灭菌器上方有金属厚盖。盖上有压力表、温度计、安全阀和排气阀。盖旁附有螺旋，借以紧闭盖门，使蒸汽不能外溢。

②用途：是兽医室、实验室等部门常用的小型高压蒸汽灭菌器。容积约 18 升，重约 10 千克，这类灭菌器的下部有个排气孔，用来排放灭菌器内的冷空气。

③操作方法：在容器内盛约 3 升、4 厘米深的清水（如为电热式则加水至覆盖底部电热管）；将要消毒物品连同盛物桶一起放入灭菌器内，注意放入物品不宜太多，应留有空隙，盖好盖子，将盖子上的排气软管插于铝桶内壁的方管中；对称地拧紧螺帽；将高压锅放置火源上或接通电源加热，在水沸腾后 10～15 分钟，打开排气阀门，放出冷空气。待冷气放完有蒸汽排出时，关闭排气阀门，继续加热，使锅内压力逐渐上升至设定值，调节

热源，维持预定时间，停止加热。对需要干燥的固体物品灭菌时，可打开放气阀，排出蒸汽，待压力降至常压恢复至"0"位时，排气后即可取出被消毒物品；消毒液体时，则应去掉热源，慢慢冷却，以防止因减压过快造成液体的猛烈沸腾而冲出瓶外，甚至造成玻璃瓶破裂。

（2）卧式高压灭菌器　这种灭菌器的优点是消毒物品的放入和取出比较方便，多使用外源蒸汽，不会因加水过多而浸湿消毒物品。适用于处理大批量消毒物品。

①基本结构：卧式高压灭菌器有单扉式和双扉式两种。前者只有一个门，供放入污染物品和取出消毒物品；后者有前、后两个门，分别用于取出消毒物品和放入污染物品。主要部件有消毒柜室和柜室压力表、夹层外套和外套夹压力表、蒸汽进入管道和蒸汽控制阀、压力调节阀、柜室压力真空表、空气滤器等。柜室内有蒸汽分流挡板和放消毒物品的托盘，门上有螺旋插销门闩。使用压力为275～549千帕。

②使用方法：首先将消毒物品放入消毒柜室内，关闭消毒柜门；将蒸汽控制移至"关闭"位置（此时关闭了蒸汽进入消毒室的通道）；然后打开进气阀，使蒸汽进入外套夹层内，以加热消毒柜室四壁，防止热蒸汽进入消毒柜后在柜壁上凝结成水；待夹套压力表指示已达到消毒所需压力时，将蒸汽控制阀移至"消毒"位置（此时热蒸汽进入消毒柜室），柜内冷空气和冷结水随即由下部的阻气器排出；待消毒柜内压力和温度达到要求高度时，旋动压力调节阀，使其保持恒定；达到规定消毒时间后，将蒸汽控制阀移至"排气"位置，排出消毒柜内蒸汽；如消毒物品需要干燥，则排完蒸汽后可将蒸汽控制阀移至"干燥"位置（此时柜室内被抽成负压），抽气约20分钟后，柜内真空度达20～26.7千帕，即可使消毒物品干燥，然后将蒸汽控制阀移至"关闭"位置（此时空气经空气滤器进入，负压消失）；待压力表恢复到"0"位后，即可打开柜门取出消毒物品。若消毒物品不需

要干燥，则可在消毒完毕后，排尽蒸汽，打开柜门，取出消毒物品。全部工作完毕后，排尽蒸汽，打开柜门，取出消毒物品，将进气阀关紧。

（3）程控预真空压力蒸汽灭菌器　这是一种新型的蒸汽灭菌器，目前世界上许多先进国家已用其取代了下排气式灭菌器。这种灭菌器的优点是灭菌时间短，对消毒物品损害小，在消毒物品重叠情况下也能达到灭菌的目的，甚至在有盖容器内的物品也可灭菌，而且工作环境温度不高，消毒后物品干燥。整个灭菌过程采用程序控制，既节省人力又稳定可靠。缺点是价格较贵，发生故障时难以维修。

JWZK－12A 型程控预真空压力蒸汽灭菌柜是一种新型国产灭菌器。该灭菌器由邢台医疗器械厂和河北化工学院研制，采用双层夹套式结构，外层用普通钢板，内壳用含钛不锈钢。柜体为卧式长方体，容积 1.18 米^3。程序控制柜由程序控制器、电动执行机构、温度自动检测与记录仪和真空系统组成。程序控制器靠真空度、压力及时间控制逻辑电路发出信号控制电机转动，通过减速器、离合器带动马尔他轮系统及球阀实现程序转换。在柜体排气孔中装有温包式热电温度计，用以测柜内温度，并有自动记录仪描记。真空系统由水环式真空泵和逆止阀及管路组成。灭菌时，最低真空度为 7 999.32 帕，最高温度为 136℃。采用脉动真空法灭菌，灭菌程序为：第一次抽气，柜室抽气至绝对压力14.7 千帕后，再继续抽气 1 分钟；进气，将蒸汽送入柜室至平压后，停止蒸汽进入；第二次抽气，柜室抽气至绝对压力 14.7千帕，再继续抽气 1 分钟；升压，停止抽气并关闭排气阀门，使柜室蒸汽压力增至 206 千帕；灭菌，在 206～216 千帕蒸汽压力下持续 4 分钟；排气，将蒸汽排至平压；干燥，抽气 5 分钟，使绝对压力达到 26.7～54.7 千帕；复原，恢复至平压。灭菌时间29～36 分钟。

2. 高压蒸汽灭菌的注意事项　高压蒸汽灭菌虽然具有灭菌

速度快、效果可靠、温度高、穿透力强等优点，但如果使用不正确也会导致灭菌失败。在使用时，应注意下列问题。

（1）消毒物品的预处理　消毒物品应先洗涤，再进行高压灭菌。

（2）高压灭菌器内空气的排除　高压灭菌器内蒸汽的温度不仅和压力有关，而且和蒸汽的饱和度有关。如果高压蒸汽灭菌器内空气未排除或未排尽，则蒸汽不能达到饱和，此时尽管压力表可能已显示达到灭菌压力，但被消毒物品内部温度低、外部温度高，蒸汽的温度达不到要求的高度，结果导致灭菌失败，所以一定要完全排除掉空气。在排出不同程度冷空气时，压力表压力和锅内温度的关系见表4-2。

表4-2　高压蒸汽灭菌器内的冷空气排出与温度的关系

表压（千帕）	排出不同程度冷空气时，高压锅内的温度（℃）				
	全排出	排出2/3	排出1/2	排出1/3	未排出
34	109	100	94	90	72
69	115	109	105	100	90
100	121	115	112	109	100
140	126	121	118	115	109
170	130	126	121	118	115

（3）控制加热速度和灭菌时间　如果加热速度过快，柜室温度很快达到要求温度，而消毒物品内部尚未达到（物品内部达到所需温度需要较长时间），致使在预定的消毒时间内达不到灭菌要求，所以必须控制加热速度，使柜室温度逐渐上升。因此，灭菌时间应合理计算。压力蒸汽灭菌的时间，应由灭菌器内达到要求温度时开始计算，至灭菌完成时为止。

灭菌时间一般包括以下3个部分：热力穿透时间、微生物热死亡时间、安全时间。热穿透时间即从消毒器内达到灭菌温度至消毒物品中心部分达到灭菌温度所需时间，与物品的性质、包装方法、体积大小、放置状况及灭菌器内空气残留情况等因素有关。

微生物热死亡时间即杀灭微生物所需时间，一般用杀灭嗜热脂肪杆菌芽孢的时间来表示：115℃ 30 分钟，121℃ 12 分钟，132℃ 2 分钟。安全时间一般为微生物热死亡时间的一半。此处的温度是根据灭菌器上的压力表所示的压力数来确定的。当压力表显示 100 千帕，灭菌器内温度为 121℃；140 千帕，温度为126℃。各种物品消毒所需的蒸汽压力及时间见表 4-3。

表 4-3　各种物品消毒所需的蒸汽压力、温度及时间

消毒物品名称	表压力（千帕）	温度（℃）	时间（分钟）
橡胶类、药液类	105	121.3	15～20
金属器械、玻璃类	105	121.3	20～30
敷料布类	140	126.2	30～45

（4）消毒物品的合理放置　消毒物品过多或安放不当均可影响灭菌效果，因此，消毒物品的包装不能过大，以利于蒸汽的流通，使蒸汽易于穿透物品的内部，使物品内部达到灭菌温度。另外，消毒物品的体积不超过消毒器容积的 85%；消毒物品的放置应合理，物品之间应保留适当的空间以利于蒸汽的流通，一般垂直放置消毒物品可提高消毒效果。空容器灭菌时应倒放，以利于冷空气的排出。

（5）防止蒸汽超高热　在一定的压力下，若蒸汽的温度超过饱和状态下的温度 2℃以上，即成为超热蒸汽。超热蒸汽温度虽高，但遇到消毒物品时不能凝结成水，不能释放潜热，不利于灭菌。防止蒸汽超高热现象的方法有：吸水物品灭菌前不应过分干燥，灭菌时含水量不应低于 59%；使用外源蒸汽灭菌器时，不要使夹套的温度高于消毒柜室的温度，两者应相接近；控制蒸汽输送管道的压力，勿使蒸汽进入柜室时减压过多，放出大量的潜热；蒸汽发生器内加水量应多于产生蒸汽所需水量。

（6）注意安全操作　由于要产生高压，所以安全操作非常重要，每次高压灭菌前应先检查灭菌器是否处于良好的工作状态，尤其是安全阀是否良好；加热必须均匀，开启或关闭送气阀时动作应轻缓；加热和送气前应检查门或盖子是否关紧，螺帽是否拧紧；灭菌完毕后减压不可过快；对烈性传染和污染物灭菌时，应在排气孔末端接一细菌滤器，防止微生物随空气冲出形成感染性气溶胶；消毒期间，操作人员不得擅自离开。

（7）注意高压灭菌器的保养　高压灭菌器必须正确使用，注意保养。每次使用前应检查压力表是否正常，安全阀门是否灵活，密封橡皮垫圈是否完好垫实；如果用电作热源，要检查是否漏电，接地线要用较粗的导线；加热时，不要使火苗窜至器身的侧壁上；使用时，压盖螺帽不应旋得过紧，只要不漏气即可，以免损坏橡皮垫圈。长期不用压盖螺帽要上黄油，以防生锈；安全阀的放气开关要经常提拉，保证其动作灵活和安全可靠；灭菌完毕后，不要等器内完全冷却后才揭盖，以防橡皮垫圈与器身粘住，造成揭盖困难且损坏垫圈；消毒完毕后，暂时不用的消毒物品，亦需打开放气阀。否则，器内形成真空，会损坏消毒物品及内容物。

五、电子消毒器

电子消毒器是利用专门电子仪器将空气高能离子化。其工作原理是从离子产生器上发射上千亿个离子，并迅速向空间传播，这些离子吸住空气中的微粒并使其电极化，导致正、负离子微粒相互吸引形成更大的微粒团，因重量不断增加而降落并吸附到物体表面，使空气中的带病微生物、氨气和其他有机微粒显著减少，最终减少气源传播疾病的发生概率。试验表明，鸡舍中使用该消毒器后，空气中氨气含量降低了 45%，细菌减少 40%～60%，鸡的死亡率降低 36%。

（一）电离辐射

电离辐射灭菌是指用 γ 射线、电子射线照射物品，杀死其中的微生物的冷灭菌方法。辐射灭菌自 20 世纪 50 年代兴起以来，得到了迅猛发展，在医疗用品、食品工业等领域应用广泛，医疗用品的辐射加工更是进入了商业化实践。与传统的高压蒸汽消毒灭菌和环氧乙烷熏蒸消毒相比，辐射法消毒穿透力强，灭菌更彻底，无环境污染，无残留毒性，可对包装后的材料进行消毒，特别适合于不耐热材料的消毒处理。常见的 γ 射线辐照装置见图 4 - 7。

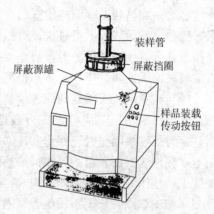

图 4 - 7　常见 γ 射线辐照装置
（引自张振兴、姜平《兽医消毒学》，2010）

1. 电离辐射装置　一般包括辐射源、控制货物进出的装置和辐射区、安全的加工控制系统、辐照监测和测量装置。辐射消毒中常用的装置有两种：利用放射性同位素作为放射源的装置和电子加速器。

（1）钴 60 装置　该装置的放射源是同位素钴 60，钴 60 是一种放射性同位素，可由原子反应堆产生，不时地衰变产生 γ 射线。γ 射线波长很短，频率较高，光子能量较大。光子不带电，穿透能力特别强，其射程在空气中可达 100 米，在生物体内为几厘米至几十厘米。它通过物质时，可将分子或原子击离其轨道。但它不能使被照射的物质变为放射性同位素，因此可以进行安全的消毒和灭菌。与其他放射源相比，钴 60 造价相当低廉，是辐射消毒中最常用的放射源。钴 60 辐射装置必须放在具有良好的防护功能的特殊混凝土建筑物内,而且放射源在不使用时应沉入深水内,需照射消毒时再将其提升到照射位置。

(2) 电子加速装置　电子加速器有两种,一种是静电加速器,一种是直线加速器。它由电子束、加速聚焦系统和控制系统组成。静电加速器是用静电电荷积累产生高压加速粒子,加速能量在 1~20 兆电子伏。直线加速器是使电子在微波导管内提高电子能量,每米加速管可使电子达到 6~12 兆电子伏。通常发生的是脉冲电子流,极短时间产生极高能量。

2. 电离辐射在消毒灭菌上的应用　电离辐射是波长很短,杀灭微生物能力很大的一种有发展前途的新型消毒方法。它在灭菌时,不升高被消毒物品的温度,属于冷灭菌方法,特别适用于加热易受损坏的物品,如塑料制品、生物组织、生物制品(如高免血清或卵黄抗体)、忌热药品和食品等的消毒。

3. 电离辐射的损伤　由于电离辐射有许多前已述及的优点,应用范围越来越广,在医疗、卫生、食品、农业及油业等领域发挥着重要作用。但是,同时也要注意电离辐射可能带来的一些损伤。电离辐射损伤主要包括对人所致的放射性疾病和对被辐射物品的损害两个方面。

(1) 对人的损害　接触电离射线可引起人体的多种疾病,如放射性白内障、白血病、生殖系统疾病等。根据接触剂量的大小、时间的长短、发病缓急可分为急性放射病和慢性放射病。急性放射病主要见于辐射事故、战争等,如前苏联的切尔诺贝利核电站的核泄漏;辐射消毒灭菌过程主要引起慢性放射病。

(2) 对物品的损害　电离辐射对物品的损害主要在于影响物品的稳定性。医疗用品的生产材料多是人工合成的多聚物,能够耐受一般用于辐射消毒的辐射剂量。但在非常高的辐射剂量下,聚合物可能会发硬变脆。此外,过高剂量的照射还能使物品发生氧化作用,例如聚氯乙烯可释放出氯化氢,会使食品变色和变味,甚至产生异味。电离辐射对物品稳定性的作用会受物品的理化性质、辐射总剂量、辐射剂量率和辐射后蓄积等因素的影响。

4. 电离辐射的防护措施

（1）对人的防护　对电离辐射操作人员进行必要的专业知识培训；尽量减少在电离辐射现场的停留时间，禁止个人长时间操作；尽可能增加作业人员与辐射源之间的距离；操作人员与辐射源之间应有足够的屏蔽防护；在达到消毒灭菌的要求下，尽量控制辐射强度。

（2）对物品的防护　①严格控制被消毒物品上的射线吸收剂量；②尽量减少物品上的初始污染；③选用对辐射稳定性好的原材料制作医疗用品；④联合采用辐射消毒和其他消毒方法，缩短消毒时间。

（二）等离子体消毒灭菌技术与设备

等离子体是指高度电离的气体云，是气体在加热或强电磁场作用下电离而产生的，主要有电子、离子、原子、分子、活性自由基及射线等，其中活性自由基及射线对微生物具有很强的杀灭作用。由于其中的正电荷总数和负电荷总数在数值上总是相等的，所以称作等离子体，是物质的第四种存在形态，也就是除了固态、液态、气态以外的一种新的物质聚集态。宇宙星球、星际空间和地球高空的电离层等都是自然界产生的等离子体。在地球的对流层大气中，没有天然的等离子体存在，需要人为发生。在实际工作中，人为产生等离子体可采用气体放电法、射线辐照法、光电离法、激光辐射法、热电离法和激波法等来获得。某些中性气体分子在强电磁场的作用下，引起碰撞解离，进而热能离子和分子相互作用，部分电子进一步获得能量，使大量原子电离，从而形成等离子体。

1. 等离子体发生装置　该装置由 4 个部分构成：高频高压电源、等离子体发生器、气体工作质供给及灭菌处理腔。常用的等离子体发生器有平板式和同轴式两种。平板式等离子体发生器易于观察放电现象，但是在利用等离子体方面比较困难；同轴式则可较为容易地利用放电所产生的等离子体。应用最多的是同轴式等离子体发生器，阻挡介质为石英玻璃，内电极为与石英玻璃管同轴的铜电极，外电极为绕在石英玻璃管外的金属丝。该等离子体发生器在内外电极间采用石英玻璃作为介质层，通常以氩气作为载体工作质来实现大气压下均匀放电产生等离子体。之所以采用石英玻璃作为介质，是因为石英玻璃的耐热强度高而且易于观察放电现象。而采用氩气作为载体工作质则是根据巴申定律，氩气的击穿电压与空气相比要低得多，易于在常压下形成均匀放电。图4-8为等离子体消毒灭菌示意图。

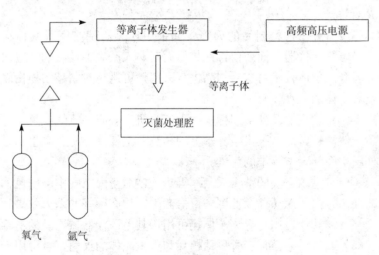

图4-8 等离子体消毒灭菌示意图

(引自田文霞《兽医防疫消毒技术》，2007)

2. 等离子体消毒灭菌的应用 等离子体有很强的杀灭微生物的能力，可以杀灭各种细菌繁殖体和芽孢及病毒，也可有效地破坏致热物质，如果将某些消毒剂气化后加入等离子体腔内，可以大大增强等离子体的杀菌效果。等离子体灭菌的温度低，在室温状态下即可对处理的物品进行灭菌，因此可以对不适于高温、高压消毒的材料和物品进行灭菌处理，其应用具有广谱性；灭菌过程短且无毒性，通常在几十分钟内即可完成灭菌消毒过程，克服了蒸汽、化学或核辐射等方法使用中的不足；切断电源后产生的各种活性粒子能够在几十毫秒内消失，所以无需通风，不会对操作人员造成伤害，安全可靠；此外，等离子体灭菌还有操作简单安全、经济实用、灭菌品质好、无环境污染等优点。

目前，等离子体主要用于以下几个方面的消毒灭菌。

（1）对玻璃器材的灭菌 医疗及制药方面使用的一些玻璃器皿，如输血输液瓶、药用及其他特殊器皿等不耐高温高压，也不适于环氧乙烷灭菌。此时，用等离子体灭菌技术则可取得良好的灭菌效果。

（2）分子材料制品的灭菌 如果用环氧乙烷或甲醛气体灭菌，可能在仪器表面残留毒性物质而对病人产生不良影响。应用低温等离子体技术对这些制品进行灭菌，可避免对制品的损伤以及对人体的危害。

（3）航天器及外空间标本的灭菌 研究表明，氧气或氩气等离子体能够有效杀灭太空标本上的枯草芽孢杆菌，防止微生物对外层空间和太空标本的污染。

（4）室内空气的消毒灭菌 等离子体对室内空气中的白色葡萄球菌、白色念珠菌及乙肝病毒等微生物均有很好的杀灭效果。

（5）其他应用 等离子体还可用于其他医疗器械物品的消毒灭菌，如牙科移植片、骨科移植片和人工晶体的灭菌，也可用于水果、蔬菜的保鲜消毒，以及一些塑胶、光纤、光学玻璃材料及不适合用微波处理的金属物品的消毒灭菌处理。

被血和氯化钠污染的器械不能直接应用等离子体方法进行消毒，尤其是狭窄腔体如内镜的消毒灭菌。

3. 等离子体消毒时注意事项 等离子体消毒灭菌作为一种新发展起来的消毒方法，在应用中也存在一些需要注意的问题。如等离子体中的某些成分对人体是有害的，如 γ 射线、β 射线、强紫外光子等都可以引起生物机体的损伤，故在进行等离子体消毒时，要采用一定的防护措施并严格执行操作规程。此外，在进行等离子体消毒时，大部分气体都不会形成有毒物质，如氧气、氮气、氩气等都没有任何毒性物质残留，但氯气、溴和碘的蒸汽会产生对人体有害的气体残留，故使用时应注意防范。等离子体消毒灭菌优点很多，如前所述，但等离子体穿透力比较弱，对体积大、需要内部消毒的物品效果较差；设备制造难度大，成本费用高；而且许多技术还不完善，有待于进一步研究。

第二节　化学消毒设备

一、喷雾器

（一）喷雾器的分类

依喷雾器的动力来源可分为手动型、机动型；按使用的消毒场所可分为背负式、可推式和担架式等。

（1）背负式手动喷雾器　主要用于场地、圈舍、设施和带动物圈舍的喷雾消毒。该类产品结构相对简单，保养方便，喷洒效率高。

（2）机动喷雾器　常用于场地消毒和圈舍消毒。该类设备有动力装置；重量轻、振动小、噪声低，可高压喷雾，具有高效、安全、经济、耐用等优点。

高压机动喷雾器主要由喷管、药水箱、燃料箱及二冲程发动机组成，使用时应注意佩戴防护面具或安全护目镜。操作者应戴合适的防噪声装置。

（3）手扶式消毒喷洒机　用于大面积环境喷洒消毒，尤其是饲养场、疫区和重自然灾害地区的消毒。该类设备机动能力强，载药量多，喷洒能力强，可在短时间内胜任大量的消毒工作。

目前，施药器械种类繁多，但最常用的为各种类型的喷雾器

科学养鸡步步赢丛书

械。一种好的药剂需要用良好的喷雾器来喷雾，才能充分发挥其消毒效果。由于施药器械成雾的原理不同，雾化结构不同，对药物要求随之改变，所产生的消毒效果也有明显差异。为了适应不同的药剂、施药环境及施药方式，喷雾器械可从以下角度进行分类。

按雾化原理分为气力雾化喷雾器、液力雾化喷雾器和热力雾化喷雾器。气力雾化喷雾器利用压缩空气或风机产生高速气流，把药液粉碎成细雾，并随气流一同喷射出去；液力雾化喷雾器靠压力泵产生压力，通过喷头把药液粉碎成细雾滴喷射出去；热力雾化喷雾器利用高温将烟雾剂裂解为非常细小的烟雾颗粒。雾粒小（≤50微米），穿透性、扩散性、附着性好，效率高，适用范围广。

按携带方式可分为手持式喷雾器、手提式喷雾器、背负式喷雾器、担架式喷雾器、车载式喷雾器和飞机装载式喷雾器等。

按雾化动力可分为微型喷雾器、手动式喷雾器、机动喷雾器、电动喷雾器及烟雾机。微型喷雾器有手推式、手扳式、揿压式等。手动式喷雾器有手持储压式和背负式等。机动喷雾器主要为背负式喷雾器和推车式机动喷雾机，适用于大面积快速杀虫和消毒。电动喷雾器主要有电动超低容量喷雾器和电动喷雾器（气流二次雾化），适用于室内外消毒灭害。烟雾机烟雾载药技术是利用烟雾具有的弥漫性、扩散性等特性，使药力达到其他方法很难达到的地方，广泛适用于各种领域。

（二）要求及使用方法

对喷雾器的基本要求有雾化性能好，密封性能好，无渗漏、滴漏现象，操作性能好，耐腐蚀性强，外观造型及色泽好及表面光整等。

在批量选用时，首先应该检查该产品的鉴定证书或性能检测报告。了解该喷雾器的雾化细度。然后按喷雾器的基本要求，以目测及手感对样机进行检查。同时有几家喷雾器样品的情况下，应挑选雾化细度较细的厂家，绝对不应该以价格上的几分差异作为选用的标准。

1. 常量喷雾器　是相对于低容量和超低容量喷雾器而言的，属于高容量喷雾，用于高容量喷雾的器械为常量喷雾器，其特点是喷雾雾粒直径较大，喷雾流量较高（120～800毫升/分钟），此类多为手动喷雾器。

手动压缩喷雾器的特点和作用：重量轻，容量较大，操作简单，使用方便；一桶药液加气2～3次即可喷完。喷头可调成线状或雾状。有的产品配有1～2节加长喷杆，根据喷洒部位需要，可增加喷杆长度。

应用范围：适用于室内外各种环境喷洒、小型室内喷雾，以杀灭环境中的病原微生物和害虫。

2. 弥雾喷雾器　弥雾即低容量喷雾，雾粒直径小于常量喷雾而大于超低容量喷雾。弥雾喷雾器大多以汽油机为动力，也有以电机为动力，因此是高效率的喷雾器。这类喷雾器按使用方式分为背负式、手推车式和手提式3种。

3. 超低容量喷雾机　用于超低容量喷雾的机械称为超低容量喷雾机。超低容量系指喷洒药液容量很低（每公顷喷洒药液低于5升）的喷雾。超低容量喷雾机大多为专用机，也有些是具有超低容量喷雾功能的多用机。

二、消毒液机和次氯酸钠发生器

（一）用途说明

现用现制快速生产复合消毒液。适用于畜禽养殖场、屠宰场、运输车船、人员防护消毒，以及发生疫情的病原污染区的大面积消毒。由于消毒液机使用的原料只是食盐、水、电，操作简便，具有短时间内就可以生产出大量消毒液的能力。另外，用消毒液机电解生产的含氯消毒剂是一种无毒低刺激的高效消毒剂，不仅适用于环境消毒、带畜消毒，还可用于食品消毒、饮用水消毒，以及洗手消毒等防疫人员进行的自身消毒防护，对环境造成的污染很小。消毒液机的这些特点对需要进行完全彻底的防疫消毒，对人畜共患病疫区的综合性消毒防控，对减少运输、仓储、供应等环节的意外防疫漏洞具有特殊的使用优势（表4-4）。

表4-4　消毒液机在消毒防疫中的作用

消毒对象	浓度（毫克/升）	使用方法	作用时间（分钟）	效果
空圈舍消毒	300	喷雾	30	杀灭病原微生物
带禽消毒	200	喷雾	20	控制传染病
发病期带禽消毒	300	喷雾	30	
饮用水消毒	6～12	兑水	20	控制肠道疾病
环境消毒	300	喷雾	20	净化环境、消除传染源
养殖用具消毒	200	浸泡洗刷	30	杀灭病菌、防治接触传播
工作服消毒	100	浸泡洗涤	30	预防带菌服传播疫病
道口车辆消毒	100	喷雾	20	
种蛋消毒	100	浸泡洗涤	5	控制垂直传播
炊具、容器具、食具消毒	250	浸泡洗涤	5	杀灭病原微生物
生菜、凉拌菜	100	浸泡洗涤	5	杀灭病原微生物
生鸡、鱼、肉		浸泡洗涤	5	杀灭病原微生物
洗手消毒	60	洗手	10	控制接触传播
人员、地板、环境	60	浸湿墩布擦拭	5	净化环境
孵化厅、室	100	喷雾	30	净化孵化环境
孵化器具	100	浸泡	20	杀灭病原、切断传播途径
消毒池、槽	300	每天更换		切断传播途径
病禽	300	喷雾	30	杀灭病原、控制蔓延

（二）工作原理

是以盐和水为原料，通过电化学方法生产含氯消毒液。

（三）消毒机的分类

因其科技含量不同，可分成消毒液机和次氯酸钠发生器两类。

消毒液机和次氯酸钠发生器都是以电解食盐水来生产消毒药的设备。这两类产品的显著区别在于次氯酸钠发生器是采用直流电解技术来生产次氯酸钠消毒药，消毒液机在次氯酸钠发生器的基础上采用了更为先进的电解模式 BIVT 技术，生产次氯酸钠、二氧化氯复合消毒剂。其中二氧化氯高效、广谱、安全，且持续时间长，世界卫生组织 1948 年将其列为 AI 级安全消毒剂。次氯酸钠、二氧化氯形成了协同杀菌作用，从而具有更高的杀菌效果。

（四）消毒机的选择

由于消毒机产品整体的技术水平参差不齐，养殖场在选择消毒机类产品时，主要注意 3 个方面：一方面是消毒机是否能生产复合消毒剂。这对生产出的消毒液杀菌效果影响非常大，因为次氯酸钠发生器生产的次氯酸钠杀灭枯草芽孢 2 毫克/升，需要 10 分钟，而消毒液机生产的复合含氧消毒剂 250 毫克/升，只需要 5 分钟；另一方面要特别注意消毒机的安全性。畜牧场在选择时应了解有关消毒机的国家标准——GB 12176—90 的有关规定，在满足安全生产的前提下，选择安全系数高、药液产量大、浓度正负误差小、使用寿命长的优质产品。按国家规定，消毒液机特别是排氢气量要精确到安全范围以内，产率大于 25 克/小时的设备所使用的电解槽和储液箱，必须采取封闭式结构，并设置与通往室外排气管路连接的标准接口，并具有附属盐水调配装置及加注装置相连接的互换性标准接口，必须设置电解电流、电解电压检测仪表，其精度不低于 2.5 级，连续式运转的设备必须设置电解液流量计量仪表，间歇式运转的设备必须在电解槽上或循环槽上设置液位计等。

换句话说，产率 25 克/小时对消毒液机在安全性上区别非常大。消毒机在连续生产时，超过产率 25 克/小时，氢气排量将超出安全范围，容易引起爆炸等安全事故。因此，必须加装排氢气装置以及其他调控设备，才能避免生产过程中出现危险。如果产率小于 25 克/小时，消毒液机要选择生产精度高的浓度能控制在 5% 范围内的产品，防止因生产操作误差而造成排氢量超标；第三方面是好的消毒液机的使用寿命可高达 3 万小时，相当于每天使用 8 小时，可以使用 10 年时间。

（五）使用方法

1. 电解液的配制　称取 500 克食盐，一般以食用精盐为好，加碘盐和不加碘盐均可，放入电解桶中，在电解桶中有 8 千克水线，向电解桶中加入 8 千克清水，用搅拌棒搅拌使盐充分溶解备用。

2. 制药　确认上述步骤已经完成好，把电极放入电解桶中，打开电源开关，按动选择按钮选择工作档位，此时电极板周围产生大量气泡，开始自动计时，工作结束后机器自动关机并声音报警。

3. 灌装消毒液　用事先准备好的容器把消毒液倒出，贴上标签，加盖后存放。

（六）使用注意事项

1. 设备保护装置　优质的消毒液机采用高科技技术设计了微电脑智能保护装置，当操作不正常或发生意外时会自我保护，此时用户可排除故障后重新操作。

2. 定期清洗电极　由于使用的水的硬度不同，使用一段时间后，在电解电极上会产生很多水垢，应使用生产公司提供或指定的清洗剂清洗电极，一般 15 天清洗 1 次。

3. 防止水进入电器仓　添加盐水或清洗电极时，勿让水进入电器仓，以免损坏电器。

4. 消毒液机的放置　应在避光、干燥、清洁处，和所有电器一样，长期处于潮湿的空气中对电路板会有不利影响，从而降低整机的使用寿命。

5. 消毒液机性能的监测　在用户使用消毒液机一段时间后，可以对消毒液机的工作性能进行检测。检测时一是通过厂家提供的试纸进行测试，测出原液有效氯浓度；二是找检测单位按照"碘量法"对消毒液的有效氯进行测定，可更精确地测出有效氯含量，建议用户每年定期检测一次。

三、臭氧空气消毒机

臭氧是一种强氧化杀菌剂，消毒时呈弥漫扩散方式，消毒彻底，无死角，消毒效果好。臭氧稳定性极差，常温下30分钟后可自行分解。因此，消毒后无残留毒性，是公认的"洁净消毒剂"。

（一）产品用途

主要用于养殖场的兽医室、大门口消毒室的环境空气的消毒和生产车间的空气消毒。如屠宰行业的生产车间、畜禽产品的加工车间及其他洁净区的消毒。

（二）工作原理

产品是采用脉冲高压放电技术，将空气中一定量的氧电离分解后形成三氧（O_3），俗称臭氧，并配合先进的控制系统组成的新型消毒器械。其主要结构包括臭氧发生器、专用配套电源、风机和控制器等部分，一般规格为3、5、10、20、30和50克/小时。它以空气为气源，利用风机使空气通过发生器，并在发生器内的间隙放电过程中产生臭氧。

（三）优点

（1）臭氧发生器采用了板式稳电极系统，使之不受带电粒子的轰击、腐蚀。

（2）介电体采用的是含有特殊成分的陶瓷，它的抗腐蚀性强，可以在比较潮湿和不太洁净的环境条件下工作，对室内空气中的自然菌灭杀率均达 90％以上。

臭氧消毒为气相消毒，与直线照射的紫外线消毒相比，不存在死角。由于臭氧极不稳定，其发生量及时间，要视所消毒的空间内各类器械物品所占空间的比例及当时的环境温度和相对湿度而定。根据需要消毒的空气容积，选择适当的型号和消毒时间。

第三节　生物消毒设施

一、具有消毒功能的生物

具有消毒功能的生物种类较多，如植物和细菌等微生物及其代谢产物，以及噬菌体、质粒、小型动物和生物酶等。

1. 抗菌生物　植物为了保护自身免受外界的侵袭，特别是微生物的侵袭，可以产生抗菌物质，并且随着植物的进化，这些抗菌物质越来越局限在植物的个别器官或器官的个别部位。目前试验已证实具有抗菌作用的植物有 130 多种，抗真菌的有 50 多种，抗病毒的有 20 多种。有的既有抗菌作用，又有抗真菌和抗病毒作用。中草药消毒剂大多是采用多种中草药的提取物，主要用于空气消毒和皮肤黏膜消毒等。

2. 细菌　目前用于消毒的细菌主要是噬菌蛭弧菌。它可裂解多种细菌，如霍乱弧菌、大肠杆菌和沙门氏菌等，用于水的消毒处理。此外，梭状芽孢杆菌和类杆菌属中的某些细菌，可用于污水、污泥的净化处理。

3. 噬菌体和质粒　一些广谱噬菌体，可裂解多种细菌，但一般一种噬菌体只能感染一个种属的细菌，对大多数细菌不具有专业性吸附能力，这使噬菌体在消毒方面的应用受到很大限制。细菌质粒中有一类能产生细菌素，细菌素是一类具有杀菌作用的蛋白质，大多数为单纯蛋白，有些含有蛋白质和碳水化合物，对微生物有杀灭作用。

4. 微生物代谢产物　一些真菌和细菌的代谢产物，如毒素具有抗菌或抗病毒作用，亦可用作消毒或防腐。

5. 生物酶　生物酶来源于动植物组织提取物或其分泌物、微生物体自溶物及其代谢产物中的酶活性物质。生物酶在消毒中的应用研究源于 20 世纪 70 年代，我国在这方面的研究走在世界前列。据报道，在 20 世纪 80 年代，我国曾研究用溶葡萄球菌酶进行消毒杀菌的技术。近年来，对酶的杀菌应用取得了突破，可用于杀菌的酶主要有细菌胞壁溶解酶、酵母胞壁溶解酶、霉菌胞壁溶解酶和溶葡萄球菌酶等，可用来消毒污染物品。此外，发现了溶菌酶、化学修饰溶菌酶及人工合成肽抗菌剂等。

二、生物消毒的应用

由于生物消毒的过程缓慢，消毒可靠性比较差，对细菌芽孢也没有杀灭作用，因此生物消毒技术不能达到彻底无害化。有关生物消毒的应用，有些在动物排泄物与污染物的消毒处理、自然水处理、污水污泥净化中广泛应用；有些在农牧业防控疾病等方面进行了实验性应用。

（一）生物热发酵堆肥

堆肥法是在人为控制堆肥因素的条件下，根据各种堆肥原料的营养成分和堆肥过程中微生物对混合堆料中碳氧比、碳磷比、颗粒大小、水分含量和 pH 等的要求，将计划中的各种堆肥材料按一定比例混合堆积，在合适的水分、通气条件下，使微生物繁殖并降解有机质，从而产生高温，杀死其中的病原菌及杂草种子，使有机物达到稳定，最终形成良好的有机复合肥。

目前常用的堆肥技术有很多种，分类也很复杂。按照有无发酵装置可分为无发酵仓堆肥系统和发酵仓堆肥系统。

1. 无发酵仓系统

（1）条垛式堆肥　是将原料简单堆积成窄长垛型，在好氧条件下进行分解，垛的断面常常是梯形、不规则四边形或三角形。条垛式堆肥的特点是通过定期翻堆来实现堆体中的有氧状态，使用机械或人工进行翻堆的方法进行通风。条垛式堆肥的优点是所需设备简单，投资成本较低，堆肥容易干燥，条垛式堆肥产品腐熟度高、稳定性好。缺点是占地面积大，腐熟周期长，需要大量的翻堆机械和人力。

（2）通气静态垛系统　与条垛式堆肥相比，通气静态垛系统是通过风机和埋在地下的通风管道进行强制通风供氧的系统。它能更有效地确保达到高温，杀死病原微生物和寄生虫（卵）。该系统的优点是设备投资低，能更好地控制温度和通气情况，堆肥时间较短，一般为2～3周。缺点是由于在露天进行，因此易受气候条件的影响。

2. 发酵仓系统　是使物料在部分或全部封闭的容器内，控制通风和水分条件，使物料进行生物降解和转化。该系统的优点是堆肥系统不受气候条件的影响；能够对废气进行统一的收集处理，防止环境二次污染，而且占地面积小，空间限制少；能得到高质量的堆肥产品。缺点是由于堆肥时间短，产品会有潜在的不稳定性。而且还需高额的投资，包括堆肥设备的投资、运行费用及维护费用。

（二）沼气发酵

沼气发酵又称厌氧消化，是在厌氧环境中微生物分解有机物最终生成沼气的过程，其产品是沼气和发酵残留物（有机肥）。沼气发酵是生物质能转化最重要的技术之一，它不仅能有效处理有机废物，降低生物耗氧量，还具有杀灭致病菌、减少蚊蝇滋生的功能。此外，沼气发酵作为废物处理的手段，不仅能耗省，而且能够生产优质的沼气和高效的有机肥。

第四节　消毒防护

无论采取哪种消毒方式，都要注意消毒人员的自身防护。消毒防护，首先要严格遵守操作规程和注意事项，其次要注意消毒人员以及消毒区域内其他人员的防护。防护措施要根据消毒方法的原理和操作规程有针对性。例如进行喷雾消毒和熏蒸消毒就应穿上防护服，戴上眼镜和口罩；进行紫外线直接的照射消毒，室内人员都应该离开，避免直接照射。如对进出养殖场人员通过消毒室进行紫外线照射消毒时，眼睛不能看紫外线灯，避免眼睛灼伤。

常用的个人防护用品可以参照国家标准进行选购，防护服应配帽子、口罩和鞋套。

一、防护服要求

防护服应做到防酸碱、防水、防寒、挡风、透气等。

1. 防酸碱　可使服装在消毒中耐腐蚀，工作完毕或离开疫区时，用消毒液高压喷淋、洗涤消毒，达到安全防疫的效果。

2. 防水　防水好的防护服材料在 1 米^2 的防水气布料薄膜上就有 14 亿个微细孔，一颗水珠比这些微细孔大 2 万倍，因此水珠不能穿过薄膜层而润湿布料，不会被弄湿，可保证操作中的防水效果。

3. 防寒、挡风　防护服材料极小的微细孔应呈不规则排列，可阻挡冷风及寒气的侵入。

4. 透气　材料微孔直径应大于汗液分子 700～800 倍，汗气可以穿透面料，即使在工作量大、体液蒸发较多时也感到干爽舒适。目前先进的防护服已经在市场上销售，可按照上述标准，参照防 SARS 时采用的标准选购。

二、防护用品规格

1. 防护服 一次性使用的防护服应符合《医用一次性防护服技术要求》（GB19082—2003）。外观应干燥、清洁、无尘、无霉斑，表面不允许有斑疤、裂孔等缺陷；针线缝合采用针缝加胶合或作折边缝合，针距要求每 3 厘米缝 8～10 针，针次均匀、平直，不得有跳针。

2. 防护口罩 应符合《医用防护口罩技术要求》（GB 19083—2003）。

3. 防护眼镜 应视野宽阔，透亮度好，有较好的防溅性能，佩戴有弹力带。

4. 手套 医用一次性乳胶手套或橡胶手套。

5. 鞋及鞋套 为防水、防污染鞋套，如长筒胶鞋。

三、防护用品的使用

（一）穿戴防护用品顺序

步骤 1：戴口罩。口罩的使用与保存如果不正确，不仅起不到防护作用，病毒、细菌等还会随呼吸运动进入体内。戴口罩时一只手托着口罩，扣于面部适当的部位，另一只手将口罩带戴在合适的部位，压紧鼻夹，紧贴于鼻梁处。在此过程中，双手不接触面部任何部位。口罩上缘在距下眼睑 1 厘米处，口罩下缘要包住下巴，口罩四周要遮掩严密。不戴时应将贴脸部的一面叠于内侧，放置在无菌袋中，杜绝将口罩随便放置在工作服兜内，更不能将内侧朝外，挂在胸前。真正起防护作用的口罩，其厚度应在 20 层纱布以上。一般情况下，口罩使用 4～8 小时更换 1 次。若接触严密隔离的传染源，应立即更换。每次更换后用消毒洗涤液清洗。如果工作条件允许，提倡使用一次性口罩，每4小时更换1次，用毕丢入污物桶内。

步骤2：戴帽子。戴帽子时注意双手不要接触面部，帽子的下沿应遮住耳的上沿，头发尽量不要露出。

步骤3：穿防护服。

步骤4：戴防护眼镜。注意双手不要接触面部。

步骤5：穿鞋套或胶鞋。

步骤6：戴手套。将手套套在防护服袖口外面。

（二）脱掉防护用品顺序

步骤1：摘下防护镜，放入消毒液中。

步骤2：脱掉防护服，将反面朝外，放入黄色塑料袋中。

步骤3：摘掉手套，一次性手套应将反面朝外，放入黄色塑料袋中，橡胶手套放入消毒液中。

步骤4：将手指反掏进帽子，将帽子轻轻摘掉，反面朝外，放入黄色塑料袋中。

步骤5：脱下鞋套或胶鞋，将鞋套反面朝外，放入黄色塑料袋中，将胶鞋放入消毒液中。

步骤6：摘口罩，一手按住口罩，另一只手将口罩带摘下，放入黄色塑料袋中，注意双手不接触面部。

四、防护用品使用后的处理

消毒结束后，执行消毒的人员需要进行自洁处理，必要时更换防护服对其做消毒处理。有些废弃的污染物包括使用后的一次性隔离衣裤、口罩、帽子、手套、鞋套等不能随便丢弃，应有一定的消毒处理方法，这些方法应该安全、简单、经济。

基本要求：污染物应装入盒或袋内，以防止操作人员接触；防止污染物接近人、鼠或昆虫；不应污染表层土壤、表层水及地下水；不应造成空气污染。污染废弃物应当严格清理检查，清点数量，根据材料性质进行分类，分成可焚烧处理和不可焚烧处理两大类。干性可燃污染废物进行焚烧处理；不可燃废物浸泡消毒。

五、培养良好的防护意识和防护习惯

作为专业消毒人员，不仅应该熟悉各种消毒方法、消毒程序、消毒器械和常用消毒剂的使用，还应该熟悉微生物和传染病检疫防疫知识，能够对疫源地的污染菌作出判断。

如今科学技术迅速发展，各学科相互渗透、相互补充，只有掌握多学科领域知识的专业消毒人员，才能在疫情发生时作出准确快速的判断，采用合理适当的消毒方法和消毒程序。在平时的消毒工作中有效控制病原体的传播和疫情的发生，确保环境的干净卫生。

由于动物防疫检疫人员或消毒人员长期暴露于病原体污染的环境下，因此，从事消毒工作的人员应该具备良好的防护意识，养成良好的防护习惯。

加强消毒人员自身的防护，对于防止和控制人兽共患传染病的发生至关重要。消毒人员的工作性质决定他们经常与污染物接触，并经常使用各种方法进行消毒灭菌，而大多数因子对人体有害，在进行消毒灭菌时，工作人员应强化自身防护意识和采取必要的自我防护措施，防止利器刺伤引发的感染，防止消毒事故和消毒操作方法不当对工作人员产生伤害。因此，消毒工作人员需要加强自我防护教育，如在干热灭菌时防止燃烧；压力蒸汽灭菌时防止爆炸事故及操作人员的烫伤事故；使用气体化学消毒时，防止有毒消毒气体的泄漏，经常检测消毒环境中气体的浓度，对环氧乙烷气体还应防止燃烧、爆炸事故；接触化学消毒灭菌时，防止过敏和皮肤黏膜的伤害等。消毒完后，使用过的废弃物品不可随意丢弃，注意自身的清洁卫生。

第二篇

鸡场消毒技术措施

鸡场隔离卫生

养殖场的隔离卫生是搞好消毒工作的基础，也是预防和控制疫病的保证。只有良好的隔离卫生，才能保证消毒工作的顺利实施，有利于降低消毒的成本和提高消毒的效果。

第一节　鸡场消毒与隔离要求

一、消毒隔离的意义

隔离是指把家禽生产和生活的区域与外界相对分隔开，避免各种传播媒介与家禽的接触，减少外界的病原微生物进入家禽生活区，从而切断传播途径。隔离应该从全方位、立体的角度进行。

二、消毒隔离设施

1. 家禽场选址与规划中的隔离　家禽场选址时要充分考虑自然隔离条件，与人员和车辆相对集中、来往频繁的场所（如村镇、集市、学校等）要保持相对较远的距离，以减少人员和车辆对家禽养殖场的污染；远离屠宰厂和其他养殖场、工厂等，以减少这些企业所排放的污染物对家禽的威胁。

比较理想的自然隔离条件是场址处于山窝内或林地间，这些地方其他污染源少，外来的人员和车辆少，其他家养动物也少，家禽场内受到的干扰和污染概率低。对于农村家禽场的选址，应该考虑在农田中间，这样在家禽场的四周主要是庄稼，也能够起到良好的隔离效果。

2. 禽舍建造的隔离设计　在禽舍建造的时候要注意禽舍的

外围护栏结构要有良好的密闭效果，能够有效阻挡老鼠、飞鸟及其他动物和人员进入禽舍。禽舍之间要有足够的距离，能够避免禽舍内排出的污浊空气进入相邻的禽舍。

3. 隔离围墙与隔离门　为了有效阻挡外来人员和车辆进入家禽饲养区，要求在禽场周围设置围墙（包括砖墙或带刺铁丝网等）。在禽场的大门、进入生产区的大门处都要有合适的阻隔设备，能够强制性地阻挡未经许可的人员进入。对于许可进入的人员和车辆必须经过合理的消毒环节后才能从特定通道进入。

4. 绿化隔离　绿化是家禽场内实施隔离的重要措施。青草和树木能够吸附大量的粉尘和有害气体及微生物，能够阻挡禽舍之间气流的流动，能够调节禽场内的小气候。按照要求在禽场四周、禽舍四周、道路两旁都必须结合种植乔木、灌木和草，全方位实现绿化隔离。但是，对于家禽场内种植树木进行绿化处理问题还存在不同观点。有人认为禽场内树木多容易招来飞鸟，而飞鸟很可能是病原体的携带者，给家禽的健康带来隐患；另一方面，即使是没有树木，飞鸟也会到禽场觅食。因此，禽场内的绿化利大于弊。

5. 水沟隔离　在禽场周围开挖水沟或利用自然水沟建设禽场是实施禽场与外界隔离的另一种措施。其目的也是阻挡外来人员、车辆和大动物的进入。但是，水沟的宽度不应小于 2 米，沟内水的深度不低于 1 米。

三、场区与外界的隔离

1. 与其他养殖场之间保持较大距离　任何类型的养殖场都会不断地向周围排放污染物，如氮、磷、有害元素、微生物等。养殖场普遍存在蚊蝇、鼠雀，而这些动物是病原体的主要携带者，它们的活动区域集中在场区内和外围附近地区。与其他养殖场保持较大距离就能够较好地减少由于刮风、鼠雀和蚊蝇活动把病原体带入本场内。

2. 与人员活动密集的场所保持较大距离 村庄、学校、集市是人员和车辆来往比较频繁的地方。而这些人员和车辆来自四面八方，很有可能来自疫区。如果家禽场离这些场所近，则来自疫区的人员和车辆所携带的病毒就可能扩散到场区内，威胁家禽的安全。另一方面，与村庄和学校距离近，则家禽场所产生的粪便、污水、难闻的气味、滋生的蚊蝇和鼠、雀等会对人的生活环境质量造成不良影响。此外，若距村庄距离过近，则村庄内饲养的家禽有可能跑到家禽场附近，而这些散养的家禽免疫接种不规范，携带病原体的可能性很大，会成为家禽场的重要威胁。

3. 与其他污染源产生地保持较大距离 动物屠宰加工厂、医院、化工厂等所产生的废物、废水、废气中都带有威胁动物健康的污染源，若家禽场与这些场所相距太近就容易被污染。

4. 与交通干线保持较大距离 在交通干线上每天来往的车辆很多，其中包括来自疫区的车辆、运输畜禽及其他动物产品的车辆。这些车辆在通行的时候随时都可能向所经过的地方排毒，对交通干线附近造成污染。从近年来家禽疫病流行的情况看，与交通干线相距较近的地方也是疫病发生比较多的地方。

5. 与外来人员和车辆、物品的隔离 来自本场以外的人员、物品和车辆都有可能是病原体的携带者，也都可能会对本场的安全生产造成威胁。在生产上，外来人员和车辆是不允许进入家禽场生产区的，如果确实需要进入则必须经过更衣、淋浴和消毒后才能够到生产区内特定的地方。外来的物品一般只在生活和办公区使用，需要进入生产区的也需要消毒处理。其中，从场外运进的袋装饲料在进入生产区之前，有条件的也要进行对外包装的消毒。

四、场区内的隔离

1. 管理人员与生产一线人员的隔离 饲养人员是指直接从事家禽饲养管理工作的人员，一般包括饲养员、人工授精人员和生产区内的卫生工作人员。非直接饲养人员则指家禽场内的行政管理人员、财务人员、司机、门卫、炊事员和购销人员等。

非直接饲养人员与外界的联系较多,接触病原的机会也较多,因此,减少他们与饲养人员的接触也是减少外来病原进入生产区的重要措施。

2. 不同生产小区之间的隔离　在规模化养禽场会有多个生产小区,不同小区内饲养不同类型的家禽(主要是不同生理阶段或性质的家禽),而不同生理阶段的家禽对疫病的抵抗力、平时的免疫接种内容、不同疫病的易感性、粪便和污水的产生量都有差异,因此需要做好相互之间的隔离管理。

小区之间的隔离首先要求每个小区之间的距离不少于 30 米。在隔离带内可以设置隔离墙或绿化隔离带以阻挡不同小区人员的相互来往。每个小区的门口要有消毒设施,以便于出入该小区的人员、车辆及物品的消毒。

3. 饲养管理人员之间的隔离　在家禽场内不同禽舍的饲养人员不应该相互来往,因为不同禽舍内家禽的周龄、免疫接种状态、健康情况、生产性质等都可能存在差异,饲养人员的频繁来往会造成不同禽舍内疫病相互传播的危险。

4. 不同禽舍之间物品的隔离　与不同禽舍饲养人员不能相互来往的要求一样,不同禽舍内的物品交换也会带来疫病相互传播的潜在威胁。要求各个禽舍饲养管理物品必须固定,各自配套。公用的物品在进入其他禽舍前必须进行消毒处理。

5. 场区内各禽舍之间的隔离　在一般的家禽企业内部可能同时会饲养有不同类型或年龄阶段的家禽。尽管在家禽场规划设计的时候进行了分区设计,使相同类型的家禽集中饲养在一个区域内,但是它们之间还存在相互影响的可能。例如禽舍在使用过程中由于通风换气,舍内的污浊空气(含有有害气体、粉尘、病原微生物等)向舍外排放,若各禽舍之间的距离比较小,则从一栋禽舍内排放出的污浊空气就会进入到相邻禽舍，造成舍内家禽被感染。

禽舍之间的隔离一般要求保持一定的距离，通常不少于禽舍高度的 2.5 倍；禽舍之间种植树木（灌木与乔木搭配）以起到隔挡和过滤作用，减少相互之间的影响。

6. 严格控制其他动物的滋生　鸟雀、昆虫和啮齿动物在家禽场内的生活密度要比外界高3~10 倍，它们不仅是疾病传播的重要媒介，而且会使平时的消毒效果显著降低。同时，这些动物还会干扰家禽的休息，造成惊群，甚至吸取家禽的血液等。因此，控制这些动物的滋生是家禽疫病控制的重要途径之一。

预防鸟雀进入禽舍的主要措施包括：把屋檐下的孔隙堵严实、门窗外面加罩金属网。预防蚊蝇的主要措施是：减少场区内外的积水，粪便要集中堆积发酵；下水道、粪便和污水要定期消毒，喷洒蚊蝇杀灭药剂；减少粪便中的含水率等。老鼠等啮齿动物的控制则主要靠堵塞禽舍外围护结构上的空隙，定期定点放置老鼠药等。

第二节　严格卫生消毒制度

一、全进全出

不同日龄的鸡有不同的易感性疾病，如果鸡舍内有不同日龄的鸡群，则日龄较大的患病鸡群或是已痊愈但仍带毒的鸡群随时会将病原传播给日龄较小的鸡群。从防病的角度考虑，全进全出可减少疫病的接力传染和相互交叉感染。一批鸡处理完毕之后，有利于鸡舍的彻底清扫和消毒。另外，同一日龄的鸡饲养在一起，也会给定期预防注射和药物防疫带来方便。因此，统一进场，统一清场，一个鸡舍只饲养同一品种、同一日龄的鸡是避免鸡群发病的有效措施。

二、认真检疫

引进鸡只时，必须做好检疫工作，尤其是对鸡只危害严重的某些疫病和新病，不要把患有传染病的鸡只引进来。凡需要从外地购买时，必须事先调查了解当地传染病的流行情况，以保证从非疫区引进健康鸡。运回鸡场后，一定要隔离1个月，在此期间进行临床检查、实验室检验，确认健康无病后，方可进入健康鸡舍饲养。定期对主要传染病进行检疫，如新城疫、禽流感、鸡传染性法氏囊病等疫病，及时隔离、淘汰病鸡，建立一个健康状况良好的鸡群。随时掌握疫情动态，为及时采取防控措施提供信息。

三、隔离饲养

将假定健康鸡或病鸡、可疑病鸡控制在一个有利于生产和便于防疫的地方，称之为隔离。根据生产和防疫需要，可分为隔离饲养和隔离病鸡，这两种隔离方式都是预防、控制和扑灭传染病的重要措施。

1. 隔离病鸡 是将患传染病的鸡和可疑病鸡置于不能向外散播病原体、易于消毒处理的地方或圈舍。这是为了将疫病控制在最小范围内，并就地扑灭。因此，在发生传染病时，应对感染鸡群逐只进行临床检查或血清学检验。根据检查结果，将受检鸡分为病鸡、可疑病鸡和假定健康鸡三类，以便分别处理。

2. 病鸡的隔离饲养 包括有典型症状或血清学检查呈阳性的鸡，是最危险的传染源，应将其隔离在病鸡隔离舍。病鸡隔离舍要特别注意消毒，由专人饲养，固定专用工具，禁止其他人员接近或出入。粪便及其他排泄物，应单独收集并作无害化处理。

3. 可疑病鸡的隔离饲养 无临床症状，但与病鸡是同舍或同群的鸡只可能受感染，有排菌、排毒的危险，应在消毒后转移至其他地方隔离饲养，限制其活动，并及时进行紧急预防接种或用药物进行预防性治疗，仔细观察，如果出现发病症状，则按照病鸡处理。隔离观察的时间，可根据该种传染病的潜伏期长短而定，经过一定时间不再发病，可取消其隔离限制。

4. 假定健康鸡的隔离饲养　除上述两类鸡外，疫区内其他易感鸡都属于假定健康鸡。应与上述两类鸡严格隔离饲养，加强消毒，立即进行紧急免疫接种或药物预防及其他保护性措施，严防感染。

四、制订严格的消毒制度

（1）入舍前，场内的一切设备、设施都应进行消毒处理，场内应有消毒池、洗浴室、更衣室、消毒隔离间。职工经消毒后方可进入舍内。

（2）严格控制人员及车辆进出，做好人员分工，防止交叉感染，做好卫生消毒工作。

（3）定期打扫水槽、食槽。由于食槽内常有一些死角，当垫料或粪便落入，尤其是空气潮湿时，很容易在食槽内形成污垢，除了易传播沙门氏菌外，还可能因为霉菌的生长而导致曲霉菌病的发生，所以必须定期清洗食槽，保持食槽内的卫生。饮水器内常因落入饲料、口鼻分泌物、粪便和尘埃而使饮水不洁，长期不清洗，易在饮水器底部形成厚厚的水垢，这些都是传播疫病的危险途径。所以，必须经常对水槽或饮水器进行清洗消毒。

（4）垫料要定期更换，粪便要定期作无害化处理，病死鸡经诊断后应及时焚烧或深埋，防止病原微生物的滋生、蔓延。

（5）控制活体媒介和中间宿主。

五、制订切实可行的卫生防疫制度

制订切实可行的卫生防疫制度，使养殖场的每个员工严格按照制度进行操作，保证卫生防疫和消毒工作落到实处。卫生防疫制度主要包括以下内容。

（1）养殖场生产区和生活区分开，入口处设消毒池，场内设置专门的隔离室和兽医室。场周围要有防疫墙或防疫沟，只设置一个大门入口控制人员和车辆物品进入。设置人员消毒室，消毒室内设置淋浴装置、熏蒸衣柜和场区工作服。

（2）进入生产区的人员必须淋浴，换上清洁消毒好的工作衣帽和靴子后方可进入，工作服不准穿出生产区，定期更换清洗消毒；进入的设备、用具和车辆也要消毒，消毒池的药液2～3天更换一次。

（3）生产区不准养犬、猫，职工不得将宠物带入场内。

（4）对于死亡畜禽的检查，包括剖检等工作，必须在兽医诊疗室内进行，或在距离水源较远的地方检查，禁止在兽医诊疗室以外的地方解剖尸体。剖检后的尸体以及死亡的畜禽尸体应深埋或焚烧。在兽医诊疗室解剖尸体要做好隔离消毒。

（5）坚持自繁自养的原则。若确实需要引种，必须隔离45天，确认无病并接种疫苗后方可调入生产区。

（6）做好畜舍和场区的环境卫生工作，定期进行清洁消毒。长年定期灭鼠，及时消灭蚊蝇，以防止疾病传播。

（7）当某种疾病在本地区或本场流行时，要及时采取相应的防治措施，并要按规定上报主管部门，采取隔离、封锁措施。做好发病时畜禽隔离、检疫和治疗等工作，控制疫病范围，做好病后的净化消毒工作。

（8）本场外出的人员和车辆必须经过全面消毒后方可回场。运送饲料的包装袋，回收后必须经过消毒，方可再利用，以防止污染饲料。

（9）做好疫病的接种免疫工作。

卫生防疫制度应该涵盖较多方面工作，如隔离卫生工作，消毒工作和免疫接种工作，所以制订卫生防疫制度要根据本场的实际情况尽可能地全面、系统，容易执行和操作，做好管理和监督，保证一丝不苟地贯彻落实。

第三节　注重消毒效果的检测

消毒的目的主要是为了消灭被各种带菌动物排泄于外界环境中的病原体，切断疾病传播链，尽可能减少发病概率。消毒效果受到多种因素的影响，包括消毒剂的种类和使用浓度、消毒时的环境条件及消毒设备的性能等。因此，为了掌握消毒的效果，以保证最大限度地杀灭环境中的病原微生物，防止动物传染病的发生和传播，必须对被消毒对象进行消毒效果的检验。

一、消毒效果检测的原理

在喷洒消毒液或经其他方法消毒处理前后，分别用灭菌棉棒在待检区域采样，并置于一定量的生理盐水中，再以 10 倍稀释法稀释成不同倍数，然后分别取定量的稀释液，置于加有固体培养基的培养皿中，培养一段时间后取出，进行细菌菌落计数，比较消毒前后细菌菌落数，即可得出细菌的消除率，根据结果判定消毒效果的好坏。

消除率＝（消毒前菌落数－消毒后菌落数）/消毒前菌落数×100%

二、消毒效果检查的主要项目

1. 清洁程度的检查　检查车间地面、墙壁、设备及圈舍场地清扫的情况，要求做到干净、卫生、无死角。

2. 消毒药剂正确性的检查　查看消毒工作记录，了解选用消毒药剂的种类、浓度及其用量。检查消毒药液的浓度时，可从剩余的消毒药液中取样进行化学检查。要求选用的消毒药剂高效、低毒，浓度和用量必须适宜。

3. 消毒对象的细菌学检查　消毒以后的地面、墙角及设备，随机划出（10 厘米×10 厘米）数块，用消毒的湿棉签，擦拭1～

2 分钟后,将棉签置于 30 毫升中和剂或生理盐水中浸泡 5～10 分钟,然后送化验室检验菌落总数、大肠菌群和沙门氏菌。根据检查结果,评定消毒效果。

4. 粪便消毒效果的检查

(1)测温法 用装有金属套管的温度计,测量发酵粪便生物发热达 60～70℃时,经过 1～2 个昼夜,可以使其中的巴氏杆菌、布氏杆菌、沙门氏菌及口蹄疫病毒死亡;经过 24 小时可以杀灭猪丹毒杆菌;经 12 小时能杀死猪瘟病毒。

(2)细菌学检查法 按常规方法检查,要求不得检出致病菌。

三、消毒效果检测的方法

1. 地面、墙壁和顶棚消毒效果的检查

(1)棉拭子法 用灭菌棉拭子蘸取灭菌生理盐水分别对禽舍地面、墙壁、顶棚进行未经任何处理前和消毒剂消毒后 2 次采样,采样点为至少 5 块相等面积区域(3 厘米×3 厘米)。用高压灭菌过的棉棒蘸取含有中和剂(使消毒药停止作用)的 0.03 摩尔/升的缓冲液,在试验区提前划出的 3 厘米×3 厘米的面积内轻轻滚动涂抹,然后将棉棒放在生理盐水管中(若用含氯制剂消毒时,应将棉棒放在 15% 的硫代硫酸钠溶液中,以中和剩余的氯,然后投入灭菌生理盐水中)。振荡后将洗液样品接种在普通琼脂培养基上,置 37℃ 恒温箱培养,18～24 小时后进行菌落计数。

(2)影印法 将 50 毫升注射器去头并灭菌,无菌分装普通琼脂制成琼脂柱。分别对鸡舍地面、墙壁、顶棚各采样点进行未经任何处理前和消毒剂消毒后 2 次影印采样,并用灭菌刀切成高度约 1 厘米的琼脂柱,正置于灭菌平皿中,于 37℃ 培养,18～24 小时后进行菌落计数。

2. 对空气消毒效果的检查

（1）平皿暴露法　将待检房间的门窗关闭好，取普通琼脂平板 4~5 个，打开盖子后，分别放在房间的四角和中央暴露 5~30 分钟，根据空气污染程度而定。取出后放入 37℃恒温箱中培养 18~24 小时，计算生长菌落。消毒后，再按上述方法在同样地点取样培养，根据消毒前后细菌数的多少，即可计算出空气的消毒效果。但该方法只能捕获直径大于 10 微米病原颗粒，对体积更小、流行病学意义更大的传染性颗粒很难捕获，故准确性差。

（2）液体吸收法　先在空气采样瓶内放 10 毫升灭菌生理盐水或普通肉汤，在抽气口处安装抽气唧筒，进气口对准待采样的空气，连续抽气 100 升，抽取完毕后吸取其中液体 0.5、1、1.5 毫升，分别接种在培养基上培养。按此法在消毒前后各采样 1 次，即可测出空气的消毒效果。

（3）冲击采样法　用空气采样器先抽取一定体积的空气，然后强迫空气通过狭缝直接高速冲击到缓慢转动的琼脂培养基表面，经过培养，比较消毒前后的细菌数。该方法是目前公认的标准空气采样法。

四、结果判定

如果细菌减少 80％以上为良好，减少 70％~80％为较好，减少 60％~70％为一般，减少 60％以下则为不合格，应重新消毒。

鸡场常规性消毒关键技术

第一节　鸡场的消毒要点

一、日常卫生消毒

日常消毒应做好场区环境的卫生工作，定期使用高压水洗净路面和其他硬化的场所，每月对场区环境进行一次环境消毒。

进雏前，对禽舍周围5米以内的地面用0.2%～0.3%过氧乙酸，或使用5%的火碱溶液进行彻底喷洒消毒；禽场道路使用3%～5%的火碱溶液喷洒；禽舍内使用3%火碱（笼养）或百毒杀、益康喷洒消毒。

进雏后，保持禽场周围环境清洁卫生，不堆放垃圾和污物，道路要每天清扫。禽场、禽舍周围和场内的道路每周要消毒1～2次，生产区的主要道路每天或隔日喷洒消毒，使用3%～5%的火碱或0.2%～0.3%过氧乙酸喷洒，每平方米面积药液用量为300～400毫升。

二、进雏前的卫生消毒

受环境及硬件条件等因素影响，养殖户的养殖场或鸡舍很难净化细菌，而做好进雏前的消毒工作，可以减少、杀灭舍内的细菌、病毒，隔断上、下批次间病原微生物的传播，为新进雏鸡提供安全的环境。进雏前消毒步骤如下：移、扫、冲、烧、消、干、喷、熏。

1. 移走　即清理鸡舍，将可移出鸡舍的饲养设备（如料车、水车、塑料箱、温度计、节能灯和消毒工具等）、生活用品（如被褥、工作服、暖瓶等）清洁消毒后，点数放入库房。

2. 清扫　清除舍内粪便，清扫屋顶、墙壁、窗台、料槽、工作间和舍外卫生，做到舍内无粪便、羽毛等杂物，舍外无垃圾、杂草。

（1）饲料清扫　清扫料槽内、料塔内所有剩料，进行回收处理。

（2）粉尘清扫　清扫顺序先上后下，房顶→大梁→小窗→笼具→地面→风机。

（3）设备清扫　将配电柜、温度控制器等设备清理干净，建议用扫帚扫或吹风机吹，并做好防水工作。

（4）粪便清理　清除鸡舍内所有的粪便（包括粪板、粪沟）。

3. 冲洗　包括房屋的冲洗和笼具的冲洗。房屋包括房顶、大梁、拉杆、墙壁、地面、门板、水帘槽等，最后冲洗粪沟。笼具冲洗包括粪板、鸡笼、笼架、料槽、料箱、水管、风机等。冲洗步骤如下：

（1）冲洗前将移不走的电器设备如电机、配电箱等设备用塑料布包好，防止进水。

（2）将粪板、粪沟全部打湿浸泡。

（3）冲洗时按照从上到下、先内后外的顺序。冲洗标准是粪板、粪沟内没有鸡粪，料槽内没有料屑和其他污物。

（4）冲洗完毕后，将所有冲洗工具清洗干净，消毒处理后放回库房。

4. 焚烧　用火焰喷枪烧烤金属笼具、墙壁、地面粪沟等处，目的是清除鸡毛、芽孢和虫卵等。火焰焚烧时需注意以下几项：

（1）使用火焰喷射枪时注意人身安全。

（2）火焰焚烧时应有一定的停留时间，将鸡毛焚烧干净。

（3）不要与可燃或受热易变形的设备接触，或者减少停留时间，防止烧坏设备，如玻璃钢粪板、饮水线等。

5. 消毒 当鸡舍清洁完毕后，通过化学药物喷洒消毒，可最大限度地杀灭鸡舍内敏感的病原微生物，常用的消毒药物有碘制剂、醛类等（要严格按照说明书上剂量使用）。消毒方法如下：

（1）全面消毒 进入时消毒笼具、地面；出来时消毒顶棚，保证喷洒全面彻底。

（2）饮水系统消毒 利用次氯或者生物去膜剂等除去饮水系统内壁的生物膜，并起到消毒作用。

6. 干燥 通过干燥空舍，可杀灭部分敏感病原。在此期间可以检修设备和准备育雏物品。干燥方法：将鸡舍所有进风口打开，通风干燥 5～10 天。

7. 喷洒 熏蒸前进行第 2 遍喷洒消毒，可消灭部分病原，并增加鸡舍内湿度，提高熏蒸效果。

8. 熏蒸 将剩余的病原体通过使用甲醛熏蒸的方式彻底消灭。方法如下：

（1）熏蒸之前的准备工作 将鸡舍风机、窗户、门和粪沟全部密封严实，舍温升至 25℃，湿度升至 65%～70%，并将甲醛等熏蒸消毒所需的材料准备好。

（2）液体甲醛熏蒸法 每立方米鸡舍需要甲醛 42 毫升，高锰酸钾或者漂白粉 21 克，每 50 立方米需熏蒸桶 1 个（可根据房间大小以及甲醛量确定，保证甲醛和高锰酸钾或者漂白粉反应完全而不溢出桶外）；熏蒸时将熏蒸桶均匀放入舍内，将称取的高锰酸钾或者漂白粉放入桶内，然后将量好的甲醛倒入桶中，用铁棍搅拌均匀，使之发生化学反应而产生烟雾，消毒人员迅速离开栋舍并把门封严。

（3）固体甲醛加热熏蒸法 根据说明书上要求的剂量，将甲醛均匀分开，放到铁板上，将铁板放到已经点燃的节煤炉或者电炉子上，使其充分挥发。熏蒸时需要注意的是，铁板不能和炉子距离太近（加热过度，容易点燃甲醛），也不能离得太远（加热不够，挥发不完全）。

（4）密闭熏蒸　将鸡舍密闭熏蒸 24～72 小时。

总之，只有做好进雏前的各项消毒管理工作，才能保证鸡群转入后，获得良好的软件（无病原微生物）条件以及良好的硬件（设备良好运行）条件，进而为鸡群生长、生产提供良好的生存环境。

第二节　鸡场进出口消毒

一、进出人员消毒

很多病原微生物是通过进入鸡舍人员的鞋带入的。做好入舍人员的脚消毒，对预防鸡传染病效果非常明显。门口设脚消毒槽，冬季用生石灰，其他季节用 3％火碱溶液。消毒槽内放消毒垫，选用海绵、麻袋片、饲料袋等均可。每天更换或添加 1～2 次消毒液。门口设消毒槽要持之以恒，长期使用，改变消毒槽只给服务人员使用的错误做法。

二、进出车辆的消毒

运雏车、运料车、毛鸡车是传染病的主要传播媒介，因此要对接近鸡舍的这些车辆用 3％～5％的过氧乙酸消毒，重点是轮胎的消毒，车辆离开后，立即用 3％的火碱液喷洒轮胎所接触的地面。用量为 1～2 升/米²。

三、消毒液的配制和使用

应了解各类消毒药的特性、选择合适的消毒药。要选择对人、鸡刺激性小，杀菌或杀毒效果好，易溶于水，对物品和设备无腐蚀或腐蚀小的消毒药。一般至少选用 3 种消毒药，现在常用的消毒药有季氨盐类、碘制剂和络合醛类等。每种消毒药各有其作用的对象，季氨盐类属阳离子表面活性剂，主要作用于细菌；碘制剂利用其氧化能力杀灭病毒作用较强；络合醛类可凝固菌体蛋白，对细菌、病毒均有较好的作用。

在日常消毒时，几种消毒剂应交替使用，长期使用一种消毒剂会使有些细菌出现耐药性，交替使用可使消毒剂的优势发生互补。如长效抑菌和快速杀菌的交替、对细菌敏感和对病毒敏感的交替。

一定要使药完全溶于水，并混匀；粉剂、乳剂可将药物先溶好再用水扩容。配比的浓度一定要科学合理，不要简单地认为浓度越大使用效果越好，每种消毒药都有其发挥功效的最佳浓度范围。超出此范围，一是浪费、反而达不到最佳效果；二是容易对鸡群和人体造成伤害；三是有些消毒药可以腐蚀饲养设备。最好是使用厂家推荐的浓度，有条件的养殖场也可通过自己的检测效果来确定合适的使用浓度。

消毒前，应一次性将所需的消毒液全部兑好。药液不够时暂停消毒，将消毒液配好再继续，严禁一边加水一边消毒，这样会造成消毒药浓度不均匀，起不到消毒效果。消毒液要现用现配，不能提前配好，也不能剩下留用，防止消毒药液在放置的过程中失效。

第三节　鸡场环境消毒

鸡舍周围环境的清扫工作十分重要。理想的情况下，鸡舍四周应有3米宽的混凝土或沙砾地面。如果没有，这些地区必须清除周围的植物，移走不使用的机器和设备，地面平整，排水好，没有积水。此外，还应特别注意清洗和消毒以下几个地方：风机和排风扇的下面、出入的道路、鸡舍门周围等。鸡舍外的水泥地面应与鸡舍内一样进行冲洗消毒。

做好种鸡场的消毒管理，能有效地杀灭病原微生物，控制微生物的繁殖和传播，为鸡群提供安全的环境。种鸡场消毒根据场所和重点不同，可以采取不同的消毒方式。

一、非生产区消毒

1. 人员消毒　设置消毒通道，进场人员必须踩踏 3 米长距离的消毒垫，消毒垫每 2 小时用 0.05% 的季铵盐类消毒剂喷洒 1 次。

2. 车辆消毒　外单位车辆禁止进入场区，本单位车辆进入时须经 0.05% 的季铵盐类消毒剂全面喷洒消毒后方可进入指定停车场。

3. 办公及生活区环境消毒　每天用 2% 的火碱或 0.1% 的次氯酸钠喷洒 2 次，每周更换一次消毒液。

二、生产区消毒

1. 生产人员的消毒（包括进入生产区的来访人员）　生产区入口设有更衣室、淋浴室。工作人员进入生产区应洗澡、更衣，非生产人员不得进入生产区。

2. 生产区入口消毒池　消毒池与门同宽，长 6 米，深 30 厘米，一般用 2% 氢氧化钠溶液充满，每天更换。本场的蛋车、料车经过消毒池出入，其他车辆禁止进入生产区。

3. 生产区内　道路、鸡舍周围、场区周围每天消毒一次，消毒药可用 2% 的火碱或 0.1% 的次氯酸钠。

4. 装鸡（苗）进出　每次进出鸡（苗）后，对道路、装卸场地、进出口、装卸工具等必须严格消毒，防止交叉感染疾病。

5. 运载工具

（1）料车　每天清扫，进出消毒，进出通过消毒池。

（2）蛋车　每天下班前清扫干净，进出消毒，进出通过消毒池。

鸡场消毒效果评估见表 6 - 1。

表 6 - 1　鸡场消毒效果评估*

样本位置	建议样本数	总细菌数		沙门氏菌
		标准	最大量	
支架	4	5	24	无
墙	4	5	24	无
地面	4	30	50	无
料箱	1			无
蛋箱	20			无
缝隙	2			无
排水沟	2			

*　每平方厘米总细菌数。

第四节　空鸡舍的消毒

一、空鸡舍消毒目的

　　鸡舍消毒的目的是给鸡群在饲养过程中创造一个良好的干净舒适的环境，清除以往鸡群和外界环境中的病原体（细菌和病毒等）。养鸡生产中鸡舍消毒好坏直接影响到鸡群的健康，必须做好鸡舍的消毒工作。除此之外，还必须选择杀灭病原体强的消毒剂，并且无残留，合理的鸡舍消毒程序及消毒后效果的检测等。

　　空鸡舍消毒的目的是给鸡群在饲养过程中创造一个良好的干净舒适的环境，清除以往鸡群和外界环境中的病原体（细菌和病毒等）。养鸡生产中空鸡舍消毒工作直接影响到鸡群的健康，所以空鸡舍的消毒工作开始前应制定详细计划，统筹安排，保证在执行过程中不间断进行，避免影响消毒效果。

二、空鸡舍消毒步骤

　　1. 清扫　鸡全部出舍后，将舍内粪便、垫料、顶棚上的尘埃等全部清扫出鸡舍。空舍消毒必须在彻底清洗的基础上进行，否则是无效的。除了活性的碱液以外，一般的消毒剂接触到少量的灰尘、污泥、粪便等有机物后会因中和反应而迅速失去杀菌能力，导致不能杀灭病原微生物。

2. 水洗　清除附着在墙壁、地面、鸡笼上的有机质，特别是地网，要用高压水枪冲洗，并用刷子清洗干净。

3. 喷洒消毒洗液　选择广谱高效，对鸡的各种传染病，尤其是病毒性传染病的病原体有强大杀毒作用的消毒药。

理想的消毒剂应具有以下特点：①易溶于水，不受水的硬度或酸碱度的影响而降低效力。②无腐蚀性，无强烈气味，无色。③对各种病原微生物都有强大的杀灭能力，包括细菌、真菌、病毒以及原虫和虫卵。④作用迅速而能保持长久的杀菌能力。⑤安全无毒，对鸡无害。⑥价格便宜，运输使用方便。

常用的消毒剂主要包括以下几类：

（1）甲酚类　杀菌范围广，对一般的病原微生物都有效，与阴离子配伍使用，杀菌力更强。

（2）苯酚类　有较强的杀灭细菌和芽孢的能力，对革兰阳性菌、阴性菌都有效，有抑制病毒的能力，不易受有机物的影响，作用快而持久。

（3）碘类　能直接破坏微生物的核酸。对大多数病毒、真菌及细菌都极有效，尤其是 pH2.0～4.0 时效力较高。但极易被有机物中和，只有在洁净表面才能发挥作用。

（4）过氧化氢　为强消毒剂，极易使金属生锈，对环境无害。

（5）季铵类化合物　杀灭革兰阳性菌效力较好，对病毒和真菌有抑制作用，溶液呈碱性，可增强杀菌能力，消毒对象经清洁后，消毒效果更好。常用于孵化厂、设备、棚舍的消毒。

（6）甲醛　对细菌、病毒、真菌都很有效，但作用缓慢，需较长的接触时间才起作用。

空鸡舍通常用高压水枪从上至下地冲洗鸡舍棚、四壁窗户和门、鸡笼、饮水器（槽）、食槽及设备等。待干后，地面及1米以下的墙壁用2%～3%火碱刷洗，再用清水冲，干后用1：3 000普灭放入喷雾器内对鸡舍从上至下喷雾消毒，天棚、墙壁、地面及饲养用具应提前喷湿。

三、注意事项

要更好地提高消毒效果，应注意以下几个方面。

（1）配制的浓度适宜 一般说，消毒剂浓度越高，消毒作用越好。但过高造成浪费，例如酒精浓度超过75%时，作用反而降低。

（2）掌握好温度 大多数消毒剂随温度升高而作用增强，但也有个别随温度升高反而作用下降。

（3）足够的作用时间 消毒剂与消毒对象应充分接触，通常作用时间愈长效果愈好。

（4）去除物体表面的有机质 有机质的存在，会使消毒剂作用减弱。

（5）在使用消毒剂消毒时应按照说明书正确使用。

第五节 工作人员消毒

饲养人员在接禽前，均需洗澡，换洗随身穿着的衣服、鞋、袜等，并换上用过氧乙酸消毒过的工作服、工作鞋和工作帽等。

饲养人员每次进舍前需换工作服和工作鞋，脚踏消毒池，并用紫外线照射消毒10～20分钟，手接触饲料和饮水前需要用过氧乙酸或次氯酸钠、碘制剂等溶液浸洗消毒。

本场工作人员出场回来后应彻底消毒，如果去发生过传染病的地方，回场后除了进行彻底消毒，还需经短期隔离确认安全后方能进场。饲养人员要固定，不得乱窜。发生烈性传染病的鸡舍饲养人员必须严格隔离，按规定的制度解除封锁。

其他管理人员进入鸡场和鸡舍也要严格消毒。

第六节　设备用具消毒

一、饲喂、饮水用具消毒

饲喂、饮水用具每周洗刷消毒 1 次，炎热季节应增加洗刷次数，饲喂雏鸡的开食盘或塑料布，正反两面都要清洗消毒。可移动的食槽和饮水器放入水中清洗，刮除食槽上的饲料结块，放在阳光下曝晒。固定的食槽和饮水器，应彻底水洗刮净、干燥，用阳离子清洁剂或两性清洁剂消毒，也可用高锰酸钾、过氧乙酸和漂白粉液等消毒，如可使用 5％漂白粉溶液喷洒消毒。

二、拌饲料用具及工作服消毒

拌饲料的用具及工作服每天用紫外线照射 1 次，照射时间 20～30 分钟。

三、医疗器械消毒

医疗器械及其他用具必须先冲洗后再煮沸消毒。

四、垫料消毒

使用碎草、稻壳或锯屑作垫料时，必须在进雏前 3 天用消毒液（如博灭特 200 倍液、10％百毒杀 400 倍液、新洁尔灭 1 000 倍液、强力消毒王 500 倍液、过氧乙酸 2 000 倍液）进行掺拌消毒。这不仅可以杀灭病原微生物，而且能补充育雏器内的湿度，以维持适合育雏需要的湿度。垫料消毒的方法是取两根木椽子，相距一定距离（数厘米），将农用塑料薄膜铺在上面，在薄膜上铺放垫料，掺拌消毒液，然后将其摊开（厚约 3 厘米）。采用这种方法，不仅可维持湿度，而且是一种物理性的防治球虫病的措施。同时也便于育雏结束后，将垫料和粪便无遗漏地清除至舍外。

进雏后，每天需对垫料喷雾消毒一次。湿度小时，可以使用消毒液喷雾。如果只用水喷雾增加湿度，起不到消毒的效果，且有危害。这是因为育雏器内的适宜温度和湿度适合细菌和霉菌急剧增长，成为呼吸道疾病发生的原因。

清除的垫料和粪便应集中堆放，如无可疑传染病时，可用生物自热消毒法。如确认发生某种传染病时，需将全部垫料和粪便深埋或焚烧。

第七节　带鸡消毒

一、带鸡消毒的必要性

按照近代兽医防疫学常规，所有养鸡场在进雏或进鸡前要单独对鸡舍的环境作尽可能彻底地消毒，确实能收到较好的防疫效果。但此法不可能一劳永逸，因为进鸡后，由于鸡是附着、保存各种病原体的载体，且会不断地排出病菌（毒），所以易成为舍内鸡病的传染源，存在着潜在的危险；投产后，随着饲养员、器具与饲料源源不断地介入，可能多少会带些病菌（毒）进舍，且在鸡只存在的环境中很快繁殖起来，致使养鸡环境再度遭到污染；原先消毒再彻底的鸡舍，效果只能保持1～2周，以后随鸡群饲养期的延长，环境污染度会逐渐提高，必须继续进行必要的净化。

二、带鸡消毒前的准备

（1）带鸡消毒前应先扫除屋顶的蜘蛛网、墙壁、鸡舍通道的尘土、鸡毛和粪便，减少有机物的存在，以提高消毒效果和节约药物的用量。

（2）消毒前12小时内给鸡群饮用水溶性多种维生素，饲料中添加益生素制剂。

（3）提高鸡舍内温度，应比常规标准高 2～4℃，以防消毒时室温降低而使鸡受凉，造成鸡群患病。

（4）消毒药液温度应高于鸡舍内温度，一般以 38～40℃ 为宜。

（5）做好消毒用喷雾器的准备工作，先把喷雾器清洗干净，再调整好喷雾雾滴的大小。

（6）喷雾消毒时最好选在气温高的中午，平养鸡则应选在灯光调暗或关灯后鸡群安静时进行，以防惊吓，引起鸡群飞扑挤压等现象。

（7）喷雾消毒前先适当地整理一下门窗，根据季节、气候和外界环境的温度、风量适当关闭窗门，以提高消毒效果。

三、带鸡消毒器械的选择

为确保鸡舍带鸡消毒的成功，要备好雾粒直径可调控的喷雾器，对密闭式鸡舍及安装多层育雏笼的育雏舍宜用 50～60 微米直径的雾粒。若过大则雾粒散布不匀，沉降快，有效雾粒小，影响消毒效果；反之，雾粒过小，会被鸡由呼吸道吸入肺泡，引起强毒性反应。对普通鸡舍，可选用 80～100 微米直径的雾粒。

四、带鸡消毒的程序和方法

一般按照从上至下，即先房梁、墙壁，再笼架，最后地面的顺序；从后往前，即由鸡舍里向鸡舍外的顺序，如果采用纵向机械通风，前后顺序则相反，应从进风口向排风口顺着空气流动的方向消毒。对通风口与通风死角的消毒务必要严格彻底，这是阻断传播途径的关键部位。

消毒枪应在距离鸡只 1.5～2 米处均匀喷洒，消毒液呈雾状，均匀落在笼具、鸡的体表和地面，使鸡的羽毛微湿。同时喷洒、冲洗房梁与通风口处，不可以直接对鸡体喷射。消毒后应增加通风，以降低湿度，特别在闷热的夏季更有必要。

五、带鸡消毒推荐使用的消毒剂

带鸡消毒推荐使用的消毒剂见表6-2和表6-3。

表6-2 夏季带鸡消毒推荐使用的消毒剂

成分 （商品名）	使用浓度 （毫克/升）	使用方法	使用剂量 （毫升/米³）	间隔时间 （小时）
癸甲溴铵（百毒杀）	667	喷雾	30	78
戊二醛（新大卫）	100	喷雾	30	72
碘（碘伏）	25	喷雾	30	66

表6-3 冬季带鸡消毒推荐使用的消毒剂

成分 （商品名）	使用浓度 （毫克/升）	使用方法	使用剂量 （毫升/米³）	间隔时间 （小时）
癸甲溴铵（百毒杀）	333	喷雾	18	66
戊二醛（新大卫）	100	喷雾	18	48
次氯酸	150	喷雾	18	60

六、带鸡消毒的注意事项

（1）鸡群接种疫苗前后3天内停止进行喷雾消毒，同时也不能投服抗菌药物，以防影响免疫效果。

（2）带鸡消毒前应先扫除屋顶的蜘蛛网、墙壁、鸡舍通道的尘土、鸡毛和粪便，减少有机物的存在，以提高消毒效果和节约药物的用量。

（3）在鸡进行常规用药的当日，可以进行喷雾消毒。喷雾程度以地面、笼具、墙壁、顶棚均匀湿润和鸡体表面稍湿为宜。由于喷雾造成鸡舍、鸡体表潮湿，消毒后要开窗通风，使其尽快干燥。

（4）鸡舍要保持一定的温度，特别是育雏阶段的喷雾，要将舍温提高3～4℃，使被喷湿的雏鸡得到适宜的温度，避免雏鸡受冷扎堆压死。

（5）不同类型的消毒药要交替使用，每季度或每月轮换1次。长期使用同一种消毒剂，会降低杀菌效果或产生抗药性，影响消毒效果。

（6）消毒完毕，用清水将喷雾器内部及喷杆彻底清洗，晾干后妥善放置。

第八节 鸡蛋的消毒

一、种蛋消毒

种鸡场的种蛋消毒对孵化率、健雏率影响较大。一般来说，种蛋产出后，经过泄殖腔会被泌尿和消化道的排泄物污染，蛋壳表面存在多种细菌，如沙门氏菌、巴氏杆菌、大肠杆菌等，而温度和湿度又很适合，所以细菌繁殖很快。虽然种蛋有胶质层、蛋壳和内膜等几道自然屏障，部分细菌仍可通过一些气孔进入蛋内引起种蛋变质。在孵化过程中，细菌还会在卵黄囊内增殖，到孵化中后期，受精卵因细菌严重感染而死亡。带菌雏鸡勉强出壳后，因卵黄吸收不全，雏鸡脐环呈蓝紫色，卵黄囊壁水肿，腹部膨大，多在2～3日龄死亡，特别是一些垂直传播的大肠杆菌、沙门氏菌，一旦传给后代，生产性能会受到严重影响。因此，必须重视种蛋的消毒。

1. 蛋托清洗消毒 每次入孵完的塑料蛋托都要认真清洗并严格消毒后待用，如用0.05％铵福消毒液浸泡消毒。

2. 捡蛋消毒 生产中，种蛋的第一次消毒应在每次捡蛋完毕时立即进行。这是种蛋消毒最关键的一环，主要杀死蛋壳表面的病原菌，一般多采用熏蒸消毒法。为缩短蛋产出到消毒的间隔时间，可以增加捡蛋次数，每天可捡蛋5～6次。

（1）福尔马林熏蒸消毒法　在鸡舍内或其他合适的地方设置一个封闭的箱体，箱的前面留一个门，为方便开启和关闭，箱体用塑料布封闭。箱体内距地面30厘米处设钢筋或木棍，下面放置消毒盆，上面放置蛋托。按照每立方米空间用福尔马林溶液30毫升，高锰酸钾15克，根据消毒容积称取高锰酸钾放入陶瓷或玻璃容器内（其容积比福尔马林溶液大5～8倍），再将所需福尔马林量好后倒入容器内，二者相遇发生剧烈化学反应，可产生大量甲醛气体杀死病原菌，密闭20～30分钟后排出余气。

（2）过氧乙酸熏蒸消毒法　过氧乙酸是一种高效、快速、广谱消毒剂，消毒种蛋每立方米用含16%的过氧乙酸溶液40～60毫升，加高锰酸钾4～6克熏蒸15分钟。过氧乙酸遇热不稳定，如40%以上浓度加热至50℃易引起爆炸，应在低温下保存。它无色透明、腐蚀性强，不能接触衣服、皮肤，消毒时可用陶瓷或搪瓷盆盛装，现配现用。

3. 入孵消毒　种蛋入孵前可以使用熏蒸法、浸泡法和喷雾法消毒等。

（1）熏蒸法　将种蛋码盘装入蛋车后，推入孵化箱内进行福尔马林或过氧乙酸熏蒸。

（2）浸泡法　常用的消毒剂有0.1%的新洁尔灭溶液、0.05%的高锰酸钾溶液、0.1%的碘溶液及0.02%的季铵盐溶液等。浸泡时水温控制在43～50℃。此法适合孵化量少的小型孵化场的种蛋消毒，消毒的同时，可对入孵种蛋起到预热的作用。如取浓度为5%的新洁尔灭原液1份，加50倍40℃温水配制成0.1%的新洁尔灭溶液，把种蛋放入该溶液中浸泡5分钟，捞出沥干入孵。如果种蛋数量多，每消毒30分钟后再添加适量的药液以保证消毒效果。使用新洁尔灭时，不要与肥皂、高锰酸钾、碱等并用，以免药液失效。

（3）喷雾消毒法　新洁尔灭药液喷雾消毒，用5%的新洁尔灭原液，加50倍水配成0.1%的溶液，用喷雾器喷洒在种蛋的表面（注意上下蛋面均要喷到），经 3～5 分钟药液干后即可入孵。过氧乙酸溶液喷雾消毒，用 10% 的过氧乙酸原液，加水稀释 200 倍，用喷雾器喷于种蛋表面。过氧乙酸对金属及皮肤均有损害，用时应注意避免用金属容器盛药且勿与皮肤接触。二氧化氯溶液喷雾消毒，用浓度为 80 微克/毫升微温的二氧化氯溶液对蛋面进行喷雾消毒。季铵盐溶液喷雾消毒，200 毫克/千克季铵盐溶液直接用喷雾器把药液喷洒在种蛋表面，消毒效果良好。

（4）温差浸蛋法　对受到某些病原，如败血型支原体、滑液囊支原体污染的种蛋可以采用温差浸蛋法。入孵前将种蛋在 37.8℃ 下预热 3～6 小时，当蛋温度升到 32.2℃ 左右时，放入抗菌药（硫酸庆大霉素、泰乐菌素＋碘＋红霉素）中，浸泡 15 分钟取出，可杀死大部分支原体。

（5）紫外线及臭氧发生器消毒法　紫外线消毒法是安装 40 瓦紫外线灯管，距离蛋面 40 厘米，照射 1 分钟，翻过种蛋的背面再照射 1 次即可。臭氧发生器消毒是把臭氧发生器装在消毒柜或小房内，放入种蛋后关闭所有气孔，使室内的氧气（O_2）变成臭氧（O_3），达到消毒的目的。

4. 移盘消毒　用上述方法将移入出雏箱的种蛋再进行一次熏蒸消毒。

5. 注意事项　种蛋保存前消毒（在种鸡舍内进行）一般不使用溶液法，因为使用溶液法容易破坏蛋壳表面的胶质层。保护膜破坏后，蛋内水分容易蒸发，细菌也容易进入蛋内，不利于蛋的存放和孵化。

熏蒸消毒的空间要密闭好，才能达到理想的消毒效果，要求消毒的环境温度在 24～27℃，相对湿度 75%～80% 更好；熏蒸消毒时种蛋不能用纸质托盘装载，因纸质托盘可吸收甲醛等气体；熏蒸消毒只能对外表清洁的种蛋有效，外表粘有粪土或垫料等的脏蛋，熏蒸消毒效果不好。为此，应将种蛋中的脏蛋淘汰或用湿布擦洗干净再熏蒸消毒。

使用浸泡法消毒时，消毒液温度要高于蛋温。如果消毒液的温度低于蛋温，种蛋内容物收缩，使蛋形成负压，这样反而会使少数蛋表面微生物或异物通过气孔进入蛋内，影响孵化效果。另外，消毒液温度高于蛋温可使种蛋预热。传统的热水浸蛋（不加消毒剂）只能预热种蛋，起不到消毒的作用。

蛋箱、雏禽箱和笼具等频繁出入禽舍，必须经过严格的消毒。所有运载工具应事先洗刷干净，干燥后进行熏蒸消毒后备用。种蛋收集经熏蒸消毒后方可进入仓库或孵化室。

二、商品蛋消毒

蛋产出后蛋壳表面会有很多细菌污染，某些细菌还能通过气孔侵入蛋内。商品蛋多采用福尔马林熏蒸法消毒。方法是把商品蛋选择清点后推入消毒间，关闭进出气口及门，相对湿度保持在65%～70%，在地板上放一体积比福尔马林用量大10倍的瓷盆，计算好消毒间容积，按每立方米10克高锰酸钾放入盆内，再加入少量水没过高锰酸钾即可，按每立方米20毫升福尔马林计算好用量，快速倒入盆内，人员迅速撤离，关好门窗，消毒30分钟后开门，取出消毒盆，打开风扇及风门让余味散出。

第九节　孵化场消毒

孵化场是极易被污染的场所，特别是收购各地种蛋来孵化的孵化场（点），污染更为严重。许多疾病是通过孵化场的种蛋和雏鸡传播、扩散。污染严重的孵化场，孵化率也会降低。因此，孵化场地面、墙壁、孵化设备和空气的清洁卫生非常重要。

一、工作人员的卫生消毒

要求孵化工作人员进场前先经过淋浴更衣，每人一个更衣柜，并定期消毒，孵化场工作人员与种鸡场饲养人员不能互访，更不允许外人进入孵化场区。运送种蛋和接送雏鸡的人员也不能进入孵化场，孵化场内仅设内部办公室，供本场工作人员使用。对外办公室和供销部门，应设在隔离区之外。

二、出雏后的清洗消毒

每批出雏都会给孵化出雏室带来严重的污染，所以在每批出雏结束后，应使用不损伤金属、橡胶等器材的消毒剂立刻对设备、用具和房间进行冲洗消毒。

1. 孵化机和孵化室的清洗消毒　拉出蛋架车和蛋盘，取出增湿水盘，先用水冲洗，再用新洁尔灭擦洗孵化机内外表面及顶部，用高压水冲刷孵化室地面，然后用甲醛熏蒸孵化机。每立方米用甲醛 40 毫升，高锰酸钾 20 克，在温度 27℃、湿度75%以上的条件下密闭熏蒸 1 小时，然后打开机门和进出气孔，对流散尽甲醛蒸气。最后孵化室内用甲醛 14 毫升，高锰酸钾 7 克，密闭熏蒸 1 小时，或者两者用量加大 1 倍，熏蒸 30分钟。

2. 出雏机及出雏室的清洗消毒　拉出蛋架车及出雏盘，将死胎蛋、弱死雏及蛋壳打扫干净，出雏盘送洗涤室，浸泡在消毒液中，或送清洗机中冲洗消毒；清除出雏室地面、墙壁、天花板上的污物，冲洗出雏机内外表面，然后用新洁尔灭溶液擦洗，最后每立方米用 40 毫升甲醛和 20 克高锰酸钾熏蒸出雏机、出雏盘、蛋架车；用 0.3%~0.5%浓度的过氧乙酸（每立方米用量30 毫升）喷洒出雏室的地面、墙壁和天花板。

3. 洗涤室和雏鸡存放室的清洗消毒　洗涤室是最大的污染源，是清洗消毒的重点。先将污物如绒毛、碎蛋壳等清扫装入塑料袋中，然后用水冲洗洗涤室和存雏室的地面、墙壁和天花板，洗涤室每立方米用甲醛 42 毫升，高锰酸钾 21 克，密闭熏蒸 1~2 小时。

三、孵化场废弃物的处理

孵化场的废弃物要密封运送。把收集的废弃物装在容器内，按顺流不可逆转的原则，通过各室从废弃物出口装车送至远离孵化场的垃圾场焚烧。如果考虑到废物利用，可采用高温灭菌的方法处理后用作家畜的饲料，因为这些弃物中含蛋白质 22%～32%，含钙 17%～24%，含脂肪 10%～18%，但不宜用作鸡的饲料，以防消毒不彻底，导致疾病传播。

第十节　鸡场废弃物的无害化处理

一、污水的处理

鸡场被病原体污染的废水，可用沉淀法、过滤法、化学药品处理法等进行消毒。比较实用的是化学药品消毒法。方法是先将污水处理池的出水管用一木闸门关闭，将污水引入污水池后，加入化学药品（如漂白粉或生石灰）进行消毒。消毒药的用量视污水量而定（一般 1 升污水用 2～5 克漂白粉）。消毒后，将闸门打开，使污水流出。

二、粪便的处理

鸡粪便中含有一些病原微生物和寄生虫卵，尤其是患有传染病的鸡粪便中病原微生物数量更多。如果不进行消毒处理，容易造成污染和疾病传播。因此，鸡场粪便应该进行严格的消毒处理。

1. 焚烧法　此种方法是消灭一切病原微生物最有效的方法，故用于消毒一些感染有烈性传染病的鸡的粪便（如禽流感、新城疫等）。焚烧的方法是在地上挖一个壕，深 75 厘米，宽 75～100 厘米。在距壕底 40～50 厘米处加一层铁梁（要密些，否则粪便容易落下），在铁梁下面放置木材等燃料，在铁梁上放置需消毒的鸡粪，如果粪便太湿，可混入一些干草，以便迅速烧毁。此种方法会损失有用的肥料，并且需要很多燃料，故很少应用。

2. 化学药品消毒法　消毒粪便用的化学药品应是含有 2%～5%有效氯的漂白粉溶液、20%石灰乳，但是此种方法既麻烦，又难达到消毒的目的，故实践中不常用。

3. 掩埋法　将污染的粪便与漂白粉或新鲜的生石灰混合，然后深埋于地下，埋的深度应达 2 米左右，此种方法简便易行，较实用。但病原微生物经地下水散布以及损失肥料是其缺点。

4. 生物热消毒法　这是一种最常用的粪便消毒法，应用这种方法，能使非芽孢病原微生物污染的粪便变为无害，且不丧失肥料的应用价值。粪便的生物热消毒法通常有两种：一是发酵池法，另一种是堆粪法。

（1）发酵池法　此法适用于规模化鸡场。在距鸡场 200～250 米以外无居民、河流、水井的地方挖 2 个或 2 个以上的发酵池（池的数量和大小决定于每天运出的粪便数量）。池可筑成方形或圆形，池的边缘与池底用砖砌后再抹以水泥，使其不透水。如果土质干燥、地下水位低，可以不用砖和水泥。使用时先在池底倒一层干粪，然后将每天清除出的粪便垫草等倒入池内，直到快满时，在粪便表面铺一层干粪或杂草，上面盖一层泥土封好。如条件允许，可用木板盖上，以利于发酵和保持卫生。粪便经上述方法处理后，经 1～3 个月即可掏出作为肥料。在此期间，每天所积的粪便可倒入另外的发酵池，如此轮换使用。

（2）堆粪法　在距鸡场 100～200 米或以外的地方设一个堆粪场。堆粪的方法如下：在地面挖一浅沟，深约 20 厘米，宽1.5～2 米，长度不限，随粪便多少确定。先将非传染性的粪便或垫草等堆至 25 厘米厚，其上堆放需消毒的粪便、垫草等，高可达1.5～2 米，然后在粪堆外再铺上厚 10 厘米的非传染性粪便或垫草，如此堆放 3 周至 3 个月，即可用作肥料。当粪便较稀时，应加些杂草，太干时倒入稀粪或加水，使其不稀不干，以促进发酵。

三、病死鸡的消毒处理

病死鸡体内含有较多的病原微生物，容易分解腐败，散发恶臭，污染环境。特别是发生传染病的病死鸡，处理不善，其病原微生物会污染大气、水源和土壤，造成疾病的传播与蔓延。因此，必须及时地无害化处理病死鸡，坚决不能图私利而出售。

1. 焚烧法 焚烧是一种较完善的方法，但不能利用产品，且成本高，故不常用。但对一些严重危害人畜健康的传染病病死鸡，仍有必要采用此法。焚烧时，先在地上挖一个十字形沟（沟长约 2.6 米，宽 0.6 米，深 0.5 米），在沟底部放木柴和干草作引火用，于十字沟交叉处铺上横木，其上放置死鸡，四周用木柴围上，然后洒上煤油焚烧，至尸体烧成黑炭为止，或用专门的焚烧炉焚烧。

2. 高温处理法 此法是将病死鸡放入特制的高温锅（温度达 150℃）内或有盖的大铁锅内熬煮，达到彻底消毒的目的。也可用普通大锅，经 100℃以上的高温熬煮处理。此法可保留一部分有价值的产品，但要注意熬煮的温度和时间，必须达到消毒的要求。

3. 土埋法 利用土壤的自净作用使其无害化。此法虽简单但不理想，因其无害化过程缓慢，某些病原微生物能长期生存，从而污染土壤和地下水，并会造成二次污染，所以不是最彻底的无害化处理方法。采用土埋法，必须遵守卫生要求，埋尸坑远离鸡舍、居民点和水源，地势高燥，尸体掩埋深度不小于 2 米。掩埋前在坑底铺上 2~5 厘米厚的石灰，尸体投入后，再撒上石灰或洒上消毒药剂，埋尸坑四周最好设栅栏并作标记。

4. 发酵法 将病死鸡抛入尸坑内，利用生物热的方法进行发酵，从而起到消毒灭菌的作用。尸坑一般为井式，深达 9~10

米，直径 2~3 米，坑口设一个木盖，坑口高出地面 30 厘米左右。将病死鸡投入坑内，堆到距坑口 1.5 米处，盖封木盖，经 3~5 个月发酵处理后，尸体即可完全腐败分解。

四、垫料及其他污染物的无害化处理

地面饲养鸡使用的垫料在育雏结束时一次性清理，在饲养过程中垫料过湿要及时更换，清出的垫料和粪便应在固定地点进行堆积发酵后作为农业用肥。无精蛋不得作为鲜蛋销售，可与死胎、毛蛋等经高温处理后作为动物饲料添加。蛋壳高温处理干燥后可制成蛋壳粉作为钙饲料，也可加工成肥料。用过的疫苗瓶、器具和未用完的疫苗等不可随意丢弃，应焚烧或经高温消毒处理。无论采用哪种方法，都必须将病鸡的排泄物、各种废弃物等一并进行处理，以免造成环境污染。

第十一节　兽医器械及投入品的消毒管理

兽医诊疗室是鸡场一个重要的场所，可进行疾病的诊断和处理等。兽医诊疗室的消毒包括诊疗室的消毒和医疗器具消毒两个方面。兽医诊疗室的消毒包括诊断室、注射室、手术室、处置室和治疗室的消毒以及兽医人员的消毒，其消毒必须是经常性和常规性的，如诊疗室内空气消毒和空气净化可以采用过滤、紫外线照射（诊疗室内安装紫外线灯，每立方米 2~3 瓦）、熏蒸等方法；诊疗室内的地面、墙壁、棚顶可用 0.3%~0.5% 的过氧乙酸溶液或 5% 的氢氧化钠溶液喷洒消毒；兽医诊疗室的废弃物和污水也要处理消毒，废弃物和污水数量少时，可与粪便一起堆积生物发酵消毒处理；如果量大时，使用化学消毒剂，如 15%~20% 的漂白粉搅拌，作用 3~5 小时消毒处理。

兽医诊疗器械及用品是直接与鸡接触的物品，用前和用后都必须按要求进行严格地消毒。根据器械及用品的种类和使用范围

不同，其消毒方法和要求也不同。一般对进入鸡体内或与黏膜接触的诊疗器械，如手术器械、注射器及针头等，必须经过严格的消毒灭菌；对不进入鸡组织内也不与黏膜接触的器具，一般要求去除细菌的繁殖体及亲脂类病毒。各种诊疗器械及用品的消毒方法见表6-4。

表6-4 鸡场各种诊疗器械及用品的消毒方法

消毒对象	消毒药物及方法
锋利器械（手术刀、手术剪、针头等）	可在蒸馏水中煮沸15～20分钟，或在0.1%的新洁尔灭溶液中浸泡半小时以上，然后用无菌蒸馏水冲洗后再使用，亦可将器械浸在95%酒精内，使用时取出经过火焰，待器械上的酒精燃烧完毕即可使用，若反复烧灼2次以上，则可确保无菌。如器械上带有动物组织碎屑，应先在5%石炭酸中洗去碎屑，然后蘸取95%酒精燃烧。刀剪等器械消毒洗净后，应立即擦干后保存，防止生锈
玻璃器皿（培养皿、烧瓶、试管、吸管等）	新添置的玻璃器皿，可将器皿用水冲洗后，放入3%盐酸溶液内洗刷，再移到5%碱液内中和，最后用水冲洗干净，烘干即可。污染细菌、病毒的玻璃器皿及检验用过的培养皿（基）、试管、采样管（瓶）等均应置高压灭菌器内，经121.3℃加热20分钟灭菌，致病性芽孢杆菌污染的玻璃器皿，需经121.3℃加热30分钟灭菌。吸管、毛细管和玻片等，用后直接投入3%～5%来苏儿溶液或0.1%～0.3%新洁尔灭溶液内浸泡消毒4小时以上，然后再进行洗涤
有机玻璃及塑料板	血清学反应使用过的有机玻璃板及塑料板，可浸泡在1%盐酸或2%～3%次氯酸钠溶液内处理2小时以上或过夜
注射器	0.2%过氧乙酸溶液浸泡30分钟，清洗，煮沸或高压蒸汽灭菌。注意：针头用肥皂水煮沸消毒15分钟后，洗净，消毒后备用；煮沸时间从水沸腾时算起，消毒物应全部浸入水内
托盘、方盘	将其浸泡在1%漂白粉清液中1小时，再用肥皂水刷洗，清水冲净后备用。漂白粉清液每2周更换1次，夏季每周更换1次
工作服、帽、口罩及包装纸、棉塞、橡皮塞等	放入高压蒸气灭菌器，在121.3℃加热20分钟即可。橡皮塞煮沸消毒15分钟

（续）

消毒对象	消毒药物及方法
使用过的鸡胚、实验动物及其排泄物、送检材料	检验结束后，鸡胚应煮沸消毒半小时以上；实验动物尸体焚烧处理；小白鼠排泄物及鼠缸内垃圾 121.3℃高压消毒或焚烧 20 分钟；家兔、豚鼠排泄物按 1 份加漂白粉 5 份，充分搅拌后消毒处理 2 小时；剩余送检病料及标本高压灭菌或焚烧处理

第十二节　发生传染病后的消毒

　　发生传染病后，鸡场病原数量大幅增加，疫病传播流行更加迅速，为了控制疫病传播流行及危害，需要更加严格消毒。疫情活动期间消毒是以消灭病鸡所散布的病原为目的而进行的。病鸡所在的禽舍、隔离场地、排泄物、分泌物及被病原微生物污染和可能被污染的一切场所、用具和物品等都是消毒的重点。在实施消毒过程中，应根据传染病病原体的种类和传播途径的区别，抓住重点，以保证消毒的实际效果。如肠道传染病消毒的重点是鸡排出的粪便以及被污染的物品、场所等；呼吸道传染病则主要是消毒空气、分泌物及污染的物品等。

一、一般消毒程序

　　（1）5％氢氧化钠溶液或 10％石灰乳溶液对鸡场道路、鸡舍周围喷洒消毒，每天 1 次。

　　（2）15％漂白粉溶液、5％氢氧化钠溶液等喷洒鸡舍地面、围栏，每天 1 次。带鸡消毒，用 1∶400 的益康溶液、0.3％农家福或 0.5％～1％的过氧乙酸溶液喷雾，每天 1 次。

　　（3）粪便、粪池、垫草及其他污物化学或生物热消毒。

　　（4）出入人员脚踏消毒液，经紫外线等照射消毒。消毒池内放入 5％氢氧化钠溶液，每周更换 1～2 次。

　　（5）其他用具、设备、车辆用 15％漂白粉溶液、5％氢氧化钠溶液等喷洒消毒。

（6）疫情结束后，进行 1~2 次全面的消毒。

二、污染场所及污染物消毒

发生疫情后污染（或可能污染）的场所及污染物的消毒方法
见表 6-5。

表 6-5　污染场所及污染物消毒方法

消毒对象	消毒方法	
	细菌性传染病	病毒性传染病
空气	甲醛熏蒸，福尔马林液 25 毫升，作用 12 小时（加热法）；2% 过氧乙酸熏蒸，用量 1 克/米³，20℃ 作用 1 小时；0.2%~0.5% 过氧乙酸或 3% 来苏儿喷雾，30 毫升/米²，作用 30~60 分钟；红外线照射，0.06 瓦/厘米²	甲醛熏蒸法（同细菌病）；2% 过氧乙酸熏蒸，用量 3 克/米³，20℃ 作用 90 分钟；0.5% 过氧乙酸或 5% 漂白粉澄清液喷雾，作用 1~2 小时；乳酸熏蒸，用量 10 毫克/米³ 加水 1~2 倍，作用 30~90 分钟
排泄物（粪便）	成形粪便加 2 倍量的 10%~20% 漂白粉乳剂，作用 2~4 小时；对稀便，直接加粪便量 1/5 的漂白粉粉剂，作用 2~4 小时	成形粪便加 2 倍量的 10%~20% 漂白粉乳剂，充分搅拌，作用 6 小时；稀便直接加粪便量 1/5 的漂白粉粉剂，作用 6 小时
分泌物（鼻涕、唾液）	加等量 10% 漂白粉或 1/5 量干粉，作用 1 小时；加等量 0.5% 过氧乙酸，作用 30~60 分钟；加等量 3%~6% 来苏儿，作用 1 小时	加等量 10%~20% 漂白粉或 1/5 量干粉，作用 2~4 小时；加等量 0.5%~1% 过氧乙酸，作用 30~60 分钟
鸡舍、牧场及舍内用具	污染垫料与粪便集中焚烧；鸡舍四壁用 2% 漂白粉澄清液喷雾（200 毫升/米³），作用 1~2 小时；鸡舍及牧场地面喷洒漂白粉 20~40 克/米²，作用 2~4 小时，或 1%~2% 氢氧化钠溶液，5% 来苏儿溶液喷洒 1 000 毫升/米³，作用 6~12 小时；甲醛熏蒸，福尔马林 12.5~25 毫升/米³，作用 12 小时（加热法）；0.2%~0.5% 过氧乙酸、3% 来苏儿喷雾或擦拭，作用 1~2 小时；2% 过氧乙酸熏蒸，用量 1 克/米³，作用 6 小时	与细菌性传染病消毒方法相同，一般消毒剂作用时间和浓度稍大于细菌性传染病消毒用量

（续）

消毒对象	消毒方法	
	细菌性传染病	病毒性传染病
饲槽、水槽、饮水器等	0.5%过氧乙酸浸泡30～60分钟；1%～2%漂白粉澄清液浸泡30～60分钟；0.5%季铵盐类消毒剂浸泡30～60分钟；1%～2%氢氧化钠热溶液浸泡6～12小时	0.5%过氧乙酸液浸泡30～60分钟；3%～5%漂白粉澄清液浸泡50～60分钟；2%～4%氢氧化钠热溶液浸泡6～12小时
运输工具	0.2%～0.3%过氧乙酸或1%～2%漂白粉澄清液喷雾或擦拭，作用30～60分钟；3%来苏儿或0.5%季铵盐喷雾擦拭，作用30～60分钟	0.5%～1%过氧乙酸、5%～10%漂白粉澄清液喷雾或擦拭，作用30～60分钟；5%来苏儿喷雾或擦拭，作用1～2小时；2%～4%氢氧化钠热溶液喷洒或擦拭，作用2～4小时
工作服、帽、口罩等织品	高压蒸汽灭菌，121℃ 15～20分钟；煮沸15分钟（加0.5%肥皂水）；甲醛25毫升/米³，作用12小时；环氧乙烷熏蒸，用量2.5克/升，作用2小时；过氧乙酸熏蒸，1克/米³在20℃条件下作用60分钟；2%漂白粉澄清液或0.3%过氧乙酸或3%来苏儿溶液浸泡30～60分钟；0.02%碘伏浸泡10分钟	高压蒸汽灭菌，121℃ 30～60分钟；煮沸15～20分钟（加0.5%肥皂水）；甲醛25毫升/米³熏蒸12小时；环氧乙烷熏蒸，用量2.5克/升，作用2小时；过氧乙酸熏蒸，用量1克/米³，作用90分钟；2%漂白粉澄清液浸泡1～2小时；0.3%过氧乙酸浸泡30～60分钟；0.03%碘伏浸泡15分钟
接触病死鸡人员的手	0.02%碘伏洗手2分钟，清水冲洗；0.2%过氧乙酸泡手2分钟；75%酒精棉球擦手5分钟；0.1%新洁尔灭泡手5分钟	0.5%过氧乙酸洗手，清水冲净；0.05%碘伏泡手2分钟，清水冲净
污染办公用品（书、文件）	环氧乙烷熏蒸，2.5克/升，作用2小时；甲醛熏蒸，福尔马林用量25毫升/米³，作用12小时	同细菌性传染病
医疗器材、用具等	高压蒸汽灭菌121℃ 30分钟；煮沸消毒15分钟；0.2%～0.3%过氧乙酸或1%～2%漂白粉澄清液浸泡60分钟；0.01%碘伏浸泡5分钟；甲醛熏蒸，50毫升/米³作用1小时	高压蒸汽灭菌121℃ 30分钟；煮沸30分钟；0.5%过氧乙酸或5%漂白粉澄清液浸泡，作用60分钟；5%来苏儿浸泡1～2小时；0.05%碘伏浸泡10分钟

三、发生一类动物疫病后的消毒措施

《中华人民共和国动物防疫法》根据动物疫病对养殖业生产和人体健康的危害程度，将动物疫病分为三类，其中能感染鸡的一类动物疫病包括高致病性禽流感和新城疫，一旦暴发，对人畜危害极其严重，需要采取紧急、严厉的强制预防、控制、扑灭措施。

（一）污染物处理

对所有病死鸡、被扑杀鸡及其产品（包括肉、蛋、精液、羽、绒、内脏、骨、血等）按照《GB16548—1996 畜禽病害肉尸及其产品无害化处理规程》执行；对于排泄物和被污染或可能被污染的垫料、饲料等物品均需进行无害化处理。被扑杀的鸡体内含有高致病性病毒，如果不将这些病原根除，让病鸡流入市场，势必造成病原的传播扩散，同时可能危害消费者健康。为了保证消费者的身体健康和使疫病得到有效控制，必须对扑杀鸡作焚烧深埋的无害化处理。尸体需要运送时，应使用防漏容器，须有明显标志，并在动物防疫监督机构的监督下实施。

（二）消毒

1. 疫情发生时的消毒 各级疾病控制机构应该配合农业部门开展工作，指导现场消毒，进行消毒效果评价。

（1）对病死鸡、扑杀鸡、鸡舍、粪便进行终末消毒。对发病的鸡场或所有病鸡停留或经过的圈舍用 20％漂白粉溶液（澄清溶液含有效氯 5％以上，每平方米 1 000 克）或 10％火碱溶液，或 5％甲醛溶液等全面消毒。所有的粪便和污物清理干净并焚烧。器械、用具等可用 5％火碱或 5％甲醛溶液浸泡。

（2）对划定疫区内与鸡密切接触的人员，在停止接触后应对其及其衣物进行全面消毒。

（3）对划定疫区内的饮用水应进行消毒处理，对流动水体和较大水体等消毒较困难者可以不消毒，但应进行严格管理。

（4）对划定疫区内可能污染的物体表面在出封锁线时进行消毒。

（5）对鸡舍空气进行消毒。

2. 疫病病原感染人情况下的消毒 当发生人禽流感疫情时，各级疾病控制中心除应协助农业部门针对动物禽流感疫情开展消毒工作，进行消毒效果评价外，还应对疫点和病人或疑似病人污染或可能污染的区域进行消毒处理。

（1）加强对人禽流感疫点、疫区现场消毒的指导，进行消毒效果评价。

（2）对病人的排泄物、病人发病时生活和工作过的场所、病人接触过的物品及可能污染的其他物品进行消毒。

（3）对病人诊疗过程中可能的污染，既要按肠道传染病又要按呼吸道传染病的要求进行消毒。

第十三节　疫源地及饮用水消毒

一、疫源地消毒

疫源地消毒是指对存在着或曾经存在传染源的场所进行的消毒，主要指被病原微生物感染的动物群体及其生存环境的消毒，其目的是杀灭或去除传染源所排出的病原微生物。疫源地消毒分为随时消毒和终末消毒2种。

1. 随时消毒 当疫源地内有传染源存在时，所进行的消毒称为随时消毒。例如正流行某一传染病时，对鸡群、鸡舍或其他正在发病的动物群体及群舍所进行的消毒，目的是及时杀灭或消除感染或发病动物排出的病原体。

2. 终末消毒 传染源离开疫源地后，对疫源地进行的彻底消毒称为终末消毒。例如，发病的鸡群因死亡、扑杀等方法清群后，对被这些发病鸡群污染的环境，包括鸡舍、物品、工具、饮食器具及周围空气等整个被传染源污染的外环境及其分泌物或排泄物进行全面彻底的消毒。

二、饮用水消毒

饮用水中常存在大量的细菌和病毒，特别是受到污染的情况下，饮水常常是鸡呼吸道和消化道疾病主要传播途径之一。为了杜绝经水传播疾病的发生和流行，保证鸡体健康，养殖场可以将水经消毒后再让鸡饮用。

1. 饮用水的消毒方法　水的消毒方法分为 2 类：物理消毒法和化学消毒法。

（1）物理消毒法　包括煮沸消毒法、紫外线消毒法、超声波消毒法、磁场消毒法及电子消毒法等。

（2）化学消毒法　使用化学消毒剂对饮用水进行消毒，是养殖场饮用水消毒的常用方法。

2. 饮用水消毒常用的化学消毒剂　理想的饮用水消毒剂应无毒、无刺激性，可迅速溶于水中并释放出杀菌成分，对水中的病原性微生物杀灭力强，杀菌谱广，不会与水中的有机物或无机物发生化学反应和产生有害有毒物质，不残留，价廉易得，便于保存和运输，使用方便等。目前常用的饮用水消毒剂主要有氯制剂、碘制剂和二氧化氯。

（1）氯制剂　养殖场常用于饮用水消毒的氯制剂有漂白粉、二氯异氰尿酸钠、漂白粉精、氯氨 T 等，其中前两者使用较多。漂白粉含有效氯 25%～32%，价格较低，应用较多，但其稳定性差，遇日光、热、潮湿等分解加快，在保存中有效氯含量每天损失量在 0.5%～3.0%，从而影响到其在水中的有效消毒浓度。二氯异氰尿酸钠含有效氯 60%～64.5%，性质稳定，易溶于水，杀菌能力强于大多数氯胺类消毒剂。氯制剂溶解于水中后产生次氯酸而具有杀菌作用，杀菌谱广，对细菌、病毒、真菌孢子、细菌芽孢均有杀灭作用。氯制剂的使用浓度和作用时间、水的酸碱度和水质、环境和水的温度、水中有机物等因素都可影响氯制剂的消毒效果。

（2）碘制剂　可用于饮用水消毒的碘制剂有碘元素（碘片）、有机碘、碘伏等。碘片在水中溶解度极低，常用 2% 碘酒来代替；有机碘化合物含活性碘 25%～40%。碘伏是一种含碘的表面活性剂，在兽医上常用的碘伏类消毒剂为阳离子表面活性物碘。碘及其制剂具有广谱杀灭细菌、病毒的作用，但对细菌芽孢、真菌的杀灭力略差。其消毒效果受到水中有机物、酸碱度和温度的影响。碘伏易受到其颉颃物的影响，可使其消毒作用减弱。

（3）二氧化氯　二氧化氯（ClO_2）是目前消毒饮用水最为理想的消毒剂。二氧化氯是一种很强的氧化剂，它的有效氯含量为 263%，这是因为二氧化氯的含氯量为 52.6%，在氧化还原反应中，ClO_2 由 Cl^{4+} 变为 Cl^-，其有效氯含量的计算为 $5 \times 52.6\% = 263\%$。二氧化氯杀菌谱广，对水中细菌、病毒、细菌芽孢、真菌孢子都具有杀灭作用。二氧化氯的消毒效果不受水质、酸碱度、温度的影响，不与水中的氨化物起反应，能脱掉水中的色和味，改善水的味道。但是二氧化氯制剂价格较高，大量用于饮用水消毒会增加消毒成本。目前常用的二氧化氯制剂有二元制剂和一元制剂 2 种。其他种类的消毒剂则较少用于饮用水的消毒。

3. 饮用水消毒的操作方法　为了做好饮用水的消毒，首先必须选择合适的水源。在有条件的地方尽可能地使用地下水。在采用地表水时，取水口应在鸡场自身的和工业区或居民区的污水排放口上游，并与之保持较远的距离；取水口应建立在靠近湖泊或河流中心的地方，如果只能在近岸处取水，则应修建能对水进行过滤的滤井；在修建供水系统时应考虑到对饮用水的消毒方式，最好建筑水塔或蓄水池。

（1）一次投入法　在蓄水池或水塔内放满水，根据其容积和消毒剂稀释要求，计算出需要的化学消毒剂量。在进行饮用前，投入到蓄水池或水塔内拌匀，让鸡群饮用。

一次投入法需要在每次饮完蓄水池或水塔中的水后再加水，加水后再添加消毒剂，需要频繁在蓄水池或水塔中加水加药，十分麻烦。适用于需水量不大的小规模养殖场和有较大的蓄水池或水塔的养殖场。

（2）持续消毒法　一次投药法比较麻烦，为此可在贮水池中应用持续氯消毒法，可一次投药后保持7～15天对水的有效消毒。方法是将消毒剂用塑料袋或塑料桶等容器装好，装入的量为用于消毒1天饮用水的消毒剂的20倍或30倍，将其拌成糊状，视用水量的大小在塑料袋（桶）上打0.2～0.4毫米的小孔若干个，将塑料袋（桶）悬挂在供水系统的入水口内，在水流的作用下消毒剂缓慢地从袋中释出。由于此种方法控制水中消毒剂浓度完全靠塑料袋上孔的直径大小和数目多少，因此，一般应在第1次使用时进行试验，以确保7～15天内袋中的消毒剂完全被释放。可能的情况下，需测定水中的余氯量，必要时也可测定消毒后水中细菌总数来确定消毒效果。

4. 饮用水消毒的注意事项

（1）选用安全有效的消毒剂　饮用水消毒的目的虽然不是为了给鸡群饮消毒液，但归根结底消毒液会被鸡摄入体内，而且是持续饮用。因此，对所使用的消毒剂要认真地进行选择，以避免给鸡群带来危害。

（2）正确掌握浓度　进行饮水消毒时，要正确掌握用药浓度，并不是浓度越高越好。既要注意浓度，又要考虑副作用的危害。

（3）检查饮水量　饮水中的药量过多，会给饮水带来异味，引起鸡的饮水量减少。应经常检查饮水的流量和鸡的饮用量，如果饮水不足，特别是夏季，将会引起生产性能的下降。

（4）避免破坏免疫作用 在饮水中投放疫苗或气雾免疫前后2天，共计5天内，必须停止饮水消毒。同时，要把饮水用具洗净，避免消毒剂破坏疫苗的免疫作用。

强化消毒效果的措施

消毒的效果关系到消毒作用发挥和疾病防治效果。生产中影响消毒效果的因素较多，必须正确认识和对待，进行科学的消毒，保证消毒效果。

第一节　制订消毒程序并严格执行

在消毒的操作过程中，影响消毒效果的因素很多，如果没有一个详细、全面的消毒计划，并严格执行，消毒的随意性大，就不可能收到良好的消毒效果。所以养鸡场必须制订消毒计划，按照消毒计划要求严格实施。

一、消毒计划（程序）

消毒计划（程序）的内容应该包括消毒的场所或对象，消毒的方法，消毒的时间次数，消毒药的选择、配比稀释、交替更换，消毒对象的清洁卫生以及清洁剂或消毒剂的使用等。

二、执行控制

消毒计划落实到每一个饲养管理人员，严格按照计划执行并要监督检查，避免随意性和盲目性；要定期进行消毒效果检测，通过肉眼观察和微生物学监测，以确保消毒的效果，有效减少或杀灭病原体。

第二节　选择适当的消毒方法

消毒方法多种多样，实施消毒前，要根据消毒对象、目的、条件和环境等因素综合考虑，选择一种或几种切实可行的、有效安全的消毒方法。

一、根据病原微生物选择

由于各种微生物对消毒因子的抵抗力不同，所以，要有针对性地选择消毒方法。对于一般的细菌繁殖体、亲脂性病毒、螺旋体、支原体、衣原体和立克次氏体等对消毒剂敏感性高的病原微生物，可采用煮沸消毒或低效消毒剂等常规的消毒方法，如用苯扎溴铵、洗必泰等；对于结核杆菌、真菌等对消毒剂耐受力较强的微生物可选择中效消毒剂与高效的热力消毒法；对不良环境抵抗力很强的细菌芽孢需采用热力、辐射及高效消毒剂（醛类、强酸强碱类、过氧化物类消毒剂）等。真菌孢子对紫外线抵抗力强，季铵盐类消毒剂对肠道病毒无效。

二、根据消毒对象选择

同样的消毒方法对不同性质物品的消毒效果往往不同。带鸡消毒要注意对鸡和人体的安全性和效果的稳定性；空气和圈、舍、房间等消毒采用熏蒸，物体表面消毒可采用擦、抹、喷雾，小物体靠浸泡，触摸不到的地方可用照射、熏蒸、辐射，饲料及添加剂等均采用辐射，但要特别注意对消毒物品的保护，使其不受损害，例如对于食具、水具、饲料、饮水等不能使用有毒或有异味的消毒剂消毒。

三、根据消毒现场选择

进行消毒的环境情况往往是复杂的，对消毒方法的选择及效果的影响也是多样的。例如，要进行圈、笼、舍、房间的消毒，如果其封闭效果很好，可以选用熏蒸消毒，封闭性差的最好选用液体消毒处理。对物体表面消毒时，耐腐蚀的物体表面用喷洒的方法好；怕腐蚀的物品要用无腐蚀的化学消毒剂喷洒、擦拭的方法消毒。对于通风条件好的房间进行空气消毒可利用自然换气法，必要时可以安装过滤消毒器；若通风不好、污染空气长期滞留在建筑物内可以使用药物熏蒸或气溶胶喷洒等方法处理。如对空气紫外线消毒时，当室内有人或饲养鸡时，只能用反向照射法（向上方照射），以免对人和鸡造成伤害。

四、消毒的安全性

选择消毒方法应时刻注意消毒的安全性。例如，在饲养鸡的舍内，不要使用具有毒性和刺激性强的气体消毒剂，在距火源50米以内的场所，不能大量使用环氧乙烷类易燃、易爆类消毒剂。在发生传染病的地区和流行病的发病场、群、舍，要根据卫生防疫要求，选择合适的消毒方法，加大消毒剂的消毒频率，以提高消毒的质量和效率。

第三节　选择适宜的消毒剂

化学消毒是生产中最常用的方法。但市场上的消毒剂种类繁多，其性质与作用不尽相同，消毒效力千差万别。所以，消毒剂的选择至关重要，关系到消毒效果和消毒成本，必须选择适宜的消毒剂。

一、优质消毒剂的标准

优质的消毒剂应具备以下条件：①杀菌谱广，有效浓度低，作用速度快；②化学性质稳定，且易溶于水，能在低温下使用；③不易受有机物、酸、碱及其他理化因素的影响；④毒性低，刺激性小，对人畜危害小，不残留在畜产品中，腐蚀性小，使用无危险；⑤无色、无味、无嗅，消毒后易于去除残留药物；⑥价格低廉，使用方便。

二、适宜消毒剂的选择

1. 考虑病原微生物的种类和特点　不同种类的病原微生物，如细菌、细菌芽孢、病毒及真菌等，它们对消毒剂的敏感性有较大差异，即其对消毒剂的抵抗力有强有弱。消毒剂对病原微生物也有一定选择性，其杀菌、杀病毒力也有强有弱。针对病原微生物的种类与特点，选择合适的消毒剂，这是消毒工作成败的关键。例如，要杀灭细菌芽孢，就必须选用高效的消毒剂，才能取得可靠的消毒效果；季铵盐类是阳离子表面活性剂，因其杀菌作用的阳离子具有亲脂性，而革兰阳性菌的细胞壁含类脂多于革兰阴性菌，故革兰阳性菌更易被季铵盐类消毒剂灭活；如要杀灭病毒，应选择对病毒消毒效果好的碱类消毒剂、季铵盐类消毒剂及过氧乙酸等；同一种类病原微生物所处的状态不同，对消毒剂的敏感性也不同。同一种类细菌的繁殖体比其芽孢对消毒剂的抵抗力弱得多，生长期的细菌比静止期的细菌对消毒剂的抵抗力也低。

2. 考虑消毒的对象　不同的消毒对象，对消毒剂有不同的要求。选择消毒剂时既要考虑对病原微生物的杀灭作用，又要考虑消毒剂对消毒对象的影响。不同的消毒对象选用不同的消毒药物，见表 7-1。

表 7-1　鸡场消毒药物选择参考

消毒对象	选用药物
饮水消毒	百毒杀、博灭特、过氧乙酸、漂白粉、强力消毒王、速效磷、超氯、益康、抗霉威、优氯净
带鸡消毒	牧翔"点无忧"、百毒杀、博灭特、新洁尔灭、强力消毒王、速效磷、过氧乙酸、益康

（续）

消毒对象	选用药物
鸡体消毒	益康、新洁尔灭、过氧乙酸、强力消毒王、速效碘
空鸡舍消毒	牧翔"点无忧"、百毒杀、博灭特、过氧乙酸、强力消毒王、速效磷、农福、畜禽灵、超氯、抗毒威、优氯净、苛性碱、福尔马林
用具、设备消毒	百毒杀、博灭特、强力消毒王、过氧乙酸、速效磷、超氯、抗毒威、优氯净、苛性碱
环境、道路消毒	苛性碱、来苏儿、石炭酸、生石灰、过氧乙酸、强力消毒王、农福、抗毒威、畜禽灵、百毒杀、博灭特
踏板、轮胎消毒（槽）	苛性碱、来苏儿、百毒杀、博灭特、强力消毒王、农福、抗毒威、超氯
车辆消毒	苛性碱、来苏儿、过氧乙酸、速效碘、超氯、抗毒威、优氯净、百毒杀、博灭特、强力消毒王
粪便消毒	漂白粉、生石灰、草木灰、畜禽灵

3. 考虑消毒的时机　平时消毒，最好选用对广范围的细菌、病毒、霉菌等均有杀灭效果，而且是低毒、无刺激性和腐蚀性，对畜禽无危害，产品中无残留的常用消毒剂。发生特殊传染病时，可选用任何一种高效的非常用消毒剂，因为是在短期间内应急防疫的情况下使用，所以无需考虑其对消毒物品的影响，而是把防疫灭病的需要放在第一位。

4. 考虑消毒剂的生产厂家　目前生产消毒剂的厂家和产品种类较多，产品的质量参差不齐，效果不一。所以选择消毒剂时应注意消毒剂的生产厂家，选择生产规范、信誉度高的厂家产品，同时要防止购买假冒伪劣产品。

第四节　职业防护与生物安全

无论采取哪种消毒方式，都要注意消毒人员的自身防护。消毒防护首先要严格遵守操作规程和注意事项，其次要注意消毒人员以及消毒区域内其他人员的防护。防护措施要根据消毒方法的原理和操作规程有针对性。例如进行喷雾消毒和熏蒸消毒就应穿上防护服，戴上眼镜和口罩；进行紫外线的照射消毒，室内人员都应该离开，避免直接照射。在干热灭菌时防止燃烧；压力蒸汽灭菌时防止爆炸事故及操作人员的烫伤事故；使用气体化学消毒时，防止有毒消毒气体的泄露，经常检测消毒环境中气体的浓度，对环氧乙烷气体还应防止燃烧、爆炸事故；接触化学消毒剂时，防止过敏和皮肤黏膜损伤等。对进出鸡场的人员通过消毒室进行紫外线照射消毒时，眼睛不能看紫外线灯，避免眼睛灼伤。常用的个人防护用品可以参照国家标准进行选购，防护服应配帽子、口罩、鞋套，并做到防酸碱、防水、防寒、挡风、保暖、透气。

第八章 常见媒介昆虫的控制方法

在家禽养殖业中，能够传播家禽传染病的害虫很多，目前主要的致病害虫为蚊、苍蝇、蟑螂、白蛉、蠓、虻、蚋等吸血昆虫以及虱、蜱、螨、蚤和鼠类等。它们通过直接叮咬传播疾病，或通过携带的病原微生物污染环境、器械、设备等，特别是饮水、饲料的污染，不仅造成疫病的传播，而且造成资源的浪费。杀灭这些直接危害养殖业发展的害虫，是养殖场消毒工作的重要组成部分。

杀虫灭鼠的基本原则有：①结合养殖业生产改造环境；②摸清鼠情，针对具体情况，选择适当的灭鼠时机和方法，做到既节省人力物力和费用，又要高效杀灭；③交替使用杀虫灭鼠的药物和器械，防止产生拒食性和抗药性等；④坚持经常性和突击性杀虫灭鼠相结合，防止产生，不断扩大杀虫灭鼠的成果；⑤加强虫、鼠的生物防治工作，利用生物或生物的代谢产物防止害虫。

选择杀虫灭鼠剂的标准：①高效速杀；②广谱多用；③低毒无害；④长效低残毒；⑤不易产生抗药性；⑥原料易得，生产容易，价格低廉，使用方便。

第一节　虻类、白蛉控制方法

一、虻类的生活规律

虻成虫活动期是从每年的 5 月下旬开始出现，到 8 月下旬消失，年出现时间为 75～99 天，平均 89 天。虻成虫数量高峰期在

6月上旬至8月中旬，以7月份数量最多，约占全年的57.2%，到8月下旬虻虫数量明显下降，并迅速隐匿消失。虻虫活动与气温变化有直接关系，夏季高温多雨，有利于虻成虫的生长繁育。牛虻每天8:00出现，至16:00消失，每天活动7~8小时，活动高峰时间在10:00~14:00。每天随着光照增强，气温升高，牛虻数量增多，活动增强；光照减弱，气温下降，牛虻数量减少，活动降低，16:00以后牛虻迅速隐匿。

二、虻类的杀灭

1. 药物防治　主要通过管理滋生场所，对虻幼虫滋生地周围2米内喷洒杀虫药物，杀灭幼虫的主要药物为1‰倍硫磷和马拉硫磷，每平方米50~100毫升或按水量计算浓度为2~3毫克/毫升，杀灭水中或泥土中的幼虻。杀灭成虻用50%浓度喷洒。对草地矮科植物用喷雾器喷洒。

2. 对虻类进行诱捕　根据牛虻的趋光性和趋味性，制作简易的虻、蚊诱捕器，在虻类活动猖獗时期，安装多种诱捕器对虻类进行诱捕，这样每天可捕到大量的虻，对减轻虻类的危害具有一定作用。

三、白蛉的杀灭

白蛉是一类较小的吸血昆虫，属于昆虫纲，体型小，与蚊虫类似，白蛉的防控应以杀灭成虫为主。成蛉活动季节短，栖息场所固定、局限，对杀虫剂极为敏感。用滞留喷洒除灭白蛉，效果稳定，经1~2次彻底处理后，可在数年内将成虫数量保持在较低水平。常用的药物有倍硫磷、马拉硫磷等。

第二节　蝇类控制方法

蝇类侵袭人及禽类，可传播多种疾病。有些种类的蝇能够刺吸人、禽的血液，或寄生在人、禽身体部位引起蝇蛆症，对人及畜禽健康危害极大。蝇类主要分4类：蚊、库蠓、蚋和家蝇。杀灭蝇类的原则、环节、时机和措施如下。

一、原则要求

控制和清除滋生场所，抓住有利时机，因地制宜，全面规划，协同行动。在药物灭蝇中，注意药物的交替使用和混合用药，防止污染环境，预防苍蝇产生抗药性。

二、控制和清除滋生条件

控制和清除滋生条件是灭蝇的主要环节。要有效地管理好滋生地，厕所、粪坑是金蝇、绿蝇、麻蝇的主要滋生场所，作好粪便的无害化处理，使粪便充分发酵，杀灭苍蝇的成虫及幼虫。另外，对禽舍的粪便经常进行清扫、冲洗，保证卫生灭蝇。

三、杀灭幼虫和蛹

注意杀灭苍蝇的幼虫（蛆）。蛆是苍蝇的幼虫，其弱点是活动范围小，易被鸡只发现，也较易控制。因此，灭蛆是防制蝇害的重要环节和时机。蛹是苍蝇幼虫发育后的另一发育期，此期应采取砸、埋、挖、淹以及堆肥等措施灭蛹。

四、杀灭方法

可采取机械捕杀、药物喷杀、毒饵诱杀、熏蒸等措施杀灭成蝇，以保证人和家禽的健康。一般来说，采用溴氰菊酯、敌敌畏、二溴磷等杀虫剂进行空间或表面喷雾，可杀死鸡舍中的飞蝇，也可将杀虫剂作为诱饵（如灭多威制成的蝇毒饵）诱杀家蝇。为了控制粪便中的幼虫可使用杀幼虫剂（如灭蝇胺）。近年来已研究成功用生物学方法杀灭有害昆虫，例如采用捕食性螨和捕食性甲虫等来捕食粪便中的蝇卵、幼虫和蛹。

第三节 蚤类、虱类控制方法

一、蚤的杀灭

禽类的跳蚤有多种，最主要的有禽毒蚤（又称鸡冠蚤）、禽蚤和鸡角叶蚤 3 种。

家禽养殖中的蚤类控制主要采取综合防制措施，控制蚤类的滋生条件，清除受污染的垫料和粪便。

对禽舍彻底喷雾消毒以杀灭未成熟的蚤。用 0.125％～0.25％的除虫菊酯和苄氯菊酯对产蛋箱和垫料进行喷雾可控制禽蚤，也可用 2％的马拉硫磷对禽舍进行彻底喷雾。使用纱网将禽、犬、猫、鼠与底层建筑物隔开，因为它们是蚤不断侵袭的来源。日光、干燥的气候、过分潮湿和冰冻可阻碍蚤的发育。

二、虱的杀灭

虱是家禽常见的体外寄生虫，它们属于食毛目，即咀嚼虱。寄生于禽类的常见虱有鸡虱、鸭虱、鹅虱和鸽虱。其中鸡虱包括雏鸡头羽虱、鸡圆头羽虱、鸡圆虱、鸡翅虱、鸡羽虱。

对鸡虱的控制首先应防止其与家禽接触。绝不能将有虱的鸡放入无虱的鸡群。要定期检查鸡群有无虱（每月 2 次），并作必要的治疗。治疗要进行 2 次，间隔 7～10 天，因为现有的化学杀虫剂只能杀灭成虫和幼虫，不能杀死虫卵。常用的药物有马拉硫磷、蝇毒磷、灭蝇胺、胺甲萘（商品名西维因）、毒死蜱、倍硫磷、氰戊菊酯、二氯苯醚菊酯和残杀威等。对大型鸡场而言，最实用的方法是喷雾。喷雾时，一定要保证鸡的全身都被喷到。

科学养鸡此步丛书

第四节　蜱类、臭虫控制方法

一、蜱类控制方法

蜱又名壁虱或扁虱。寄生于禽舍的蜱，属于软蜱科的软蜱，常见的为波斯锐缘蜱，这些蜱无盾板，除幼虫外，其余各生活阶段都间歇性地吸血。软蜱对禽类的危害十分严重，由于它们的吸血量大，可使禽类贫血、消瘦、衰弱、生长缓慢、产蛋量下降，甚至死亡。蜱还可以产生毒素，并传播禽类疾病，如禽螺旋体病、土拉菌病、梨形虫病和恶丝虫病等。

对鸡蜱的防治主要是处理鸡舍，因为成蜱和稚虫仅在较短的时间内寄生在宿主身上，大部分时间隐藏在宿主周围的环境中。定期修理鸡舍，堵塞全部缝隙和裂口，进行粉刷。对垫料、墙壁、地面、天花板等必须用杀灭菊酯、亚胺硫磷、马拉硫磷、蝇毒磷、杀虫畏、胺甲萘或二溴磷等药物进行喷雾。对户外的运动场和树干也可用上述药物杀灭鸡蜱。

二、臭虫控制方法

臭虫科包括数种禽的吸血昆虫，常见的有禽臭虫（又称鸡臭虫）、温带臭虫、燕臭虫。这些昆虫具有臭腺，故臭虫具有难闻的臭味。被大量臭虫叮咬时，幼禽可发生贫血。臭虫在叮咬时，唾液注入伤口，从而引起肿胀和瘙痒。

对臭虫的控制，必须处理臭虫白天的隐藏处——墙壁和地面的裂缝及栖架、产蛋箱和料槽下面。在有臭虫侵袭的鸡场中，要在空舍时彻底消毒鸡舍和清洗舍内一切设施。将有残效的杀虫剂混于熏蒸剂中使用，喷洗臭虫的藏匿处，彻底从鸡舍中清除臭虫。

第五节　螨类控制方法

家禽常见的外寄生虫螨包括鸡皮刺螨（鸡螨）、北方羽螨和热带羽螨。这些螨都可吸食家禽血液，在皮肤和羽毛上跑得很快。有些螨能钻入皮肤或侵袭各种内部器官和腔道，有的寄生在羽毛上或羽管中。

一、鸡皮刺螨

鸡皮刺螨又称鸡螨，也叫红螨，广泛分布于世界各地，特别流行于温带地区的有栖架的老鸡舍中。常见的宿主是鸡，也可寄生于火鸡、鸽、金丝雀和野鸟。人也可遭受侵袭。鸡皮刺螨通常在夜间爬到鸡体上吸血，白天隐匿在栖架上的松散的粪块下面、种鸡舍的板条下面、产蛋箱里面或屋顶支架的缝隙里。因此，对鸡螨的防治可用 0.25% 敌敌畏乳剂、蝇毒磷、马拉硫磷、敌虫菊酯或溴氰菊酯等杀虫剂喷雾。施行喷雾时必须彻底，对鸡体、垫料、鸡舍、墙壁、栖架等设施采取浓液喷雾，要特别注意确保鸡体皮肤喷湿，否则控制效果不佳。鸡舍用具可用开水烫洗或曝晒。

二、羽管螨

羽管螨寄生于鸡的羽管中，可引起鸡的羽毛部分或完全损毁，剩下的羽管残干中含有一种粉末状的物质，镜检可发现大量羽管螨。目前尚无特效的治疗方法。如发现鸡群中有羽管螨寄生的鸡，应将其淘汰，然后对鸡舍进行消毒和清扫。

三、鸡突变膝螨

鸡突变膝螨常寄生在鸡的脚、腿无毛处，有时也寄生于鸡冠和鸡髯上。可钻入皮下，在皮下组织中形成隧道，并在寄生部位的表面形成大量的皮屑和痂皮，严重寄生时可造成跛行。外观上鸡脚极度肿大，好似附着一层石灰，因此又称鸡石灰脚。

对突变膝螨的防治应从淘汰和隔离病禽着手。向鸡群中增添新鸡时，必须先用植物油将其腿部皮肤泡松，然后刮取样品送检。如有发现，必须进行治疗。在治疗前，先将病鸡的脚浸入温热肥皂水中，使痂皮泡软，除去痂皮，涂上 20％的硫磺软膏或2％的石炭酸软膏，间隔数天再涂 1 次。或者将病鸡的脚浸入温热杀螨剂溶液中。鸡舍必须经常进行清扫，可用杀螨剂喷雾栖架。

家禽常用杀虫剂见表 8-1。

表 8-1 家禽常用杀虫剂

物理特性	杀灭对象
WP、EC、F	苍蝇、甲壳虫、臭虫、蟑螂、蜘蛛
F、B、WP	甲壳虫、虱子、臭虫、螨
PM、F	苍蝇
F、WP	苍蝇、甲壳虫、臭虫、蟑螂、蜘蛛
EC	苍蝇
F	苍蝇、甲壳虫、蜘蛛、蟑螂
An、Pr	苍蝇、螨、臭虫
B	苍蝇
F	苍蝇、甲壳虫、蜘蛛、蟑螂
Strip	苍蝇
WSP、B	甲壳虫
D、EC、WP、RTU	蟑螂、虱子、寄生虫、苍蝇、甲壳虫、臭虫
EC	苍蝇、甲壳虫、虱子、螨
RTU、EC	苍蝇、臭虫

注：B＝饵料，D＝粉料，EC＝浓缩乳剂，F＝悬浮液，PM＝预混料，RTU＝即开即用，WP＝吸湿性粉剂，WSP＝水溶性粉剂。

第六节　蜚蠊控制方法

蜚蠊又称蟑螂，它是昆虫中最古老的种类之一。蟑螂属昆虫纲、蜚蠊目，已知种类达5 000余种，有野栖和家栖两类。野栖种类大多生活在草丛、枯枝落叶堆、碎石或树皮下，也有生活于蚂蚁、白蚁、蜂类等巢穴中。成为卫生害虫的家栖类约占0.5%，主要属于蜚蠊科、姬蠊科和折翅蠊科。蟑螂可携带致病细菌、病毒、原虫、真菌以及寄生蠕虫的卵，并且可作为多种蠕虫的中间宿主。

一、捕杀措施

鸡场中蟑螂的防控应以防为主。鸡舍内的蟑螂多来自邻近建筑或室外藏匿的类群。堵塞这些虫源的窜入是防止蟑螂危害的基本预防措施。舍内所有洞穴、空隙、自来水管道等缝隙都要有水泥补塞，以防蟑螂窜入。蟑螂窜入的另一途径是从别处带进室内的运输车辆、笼具、纸箱等，因此必须严密检查此类物品。鸡舍环境保持干燥，饮水器附近经常清扫，水渍浸湿的垫料及时更换，地面上洒漏的饲料和垃圾及时清除。

二、药物防治

药物防治是目前最有效的治蟑螂的方法。最常用的药剂是氨基甲酸酯、合成菊酯和有机氯，主要作为残效剂使用。

另外，可以通过诱捕和扑打清除蟑螂。采用2%的黄磷胶与少量糖浆混合涂在不透水的纸上卷成圆筒，或者电子灭蟑器放在蟑螂活动道上诱杀夜出活动的蟑螂，或采用10%的硼酸与90%的食糖混合制成毒饵诱杀。也可采用专门的捕蟑盒进行诱捕。

三、生物防治

鉴于蟑螂会对长期大量使用的杀虫剂产生抗药性，新型生物防治措施有以下两方面：

1. 昆虫激素性杀虫药 这类化合物活性高、专一性强，在环境中易降解，对人、禽安全，对抗药性品系害虫防治效果好。主要种类有保幼激素类似物（灭幼宝、烯虫乙酯）、抗保幼激素类似物、抗几丁质合成物（敌灭灵、盖虫散、卡死克、灭虫隆、伏虫隆）、含双苯氧基团类化合物（苯醚威）、聚集外激素、性外激素。

2. 昆虫天敌 自然界捕食蟑螂的动物很多，较实用的是微生物杀虫剂和寄生性天敌。微生物杀虫剂中苏云金杆菌已商品化，寄生性天敌主要是蟑螂卵荚寄生蜂。

第七节　常见鼠类控制方法

鼠类的生存和繁殖与环境和食物来源有直接关系。因此控制鼠类应采取措施破坏其生存条件和食物来源：其一，防止鼠类进入禽舍和饲料仓库；其二，清理环境；其三，断绝食物来源；其四，堵塞鼠类的通道；其五，改造厕所和粪池。

一、捕杀灭鼠

捕杀灭鼠的优点是：效果确实，简便易行，节省费用，对人和家禽安全。主要有 5 种方法：鼠夹法、鼠笼法、电击灭鼠器法、粘鼠法和水淹法。

二、熏蒸灭鼠

利用熏蒸剂产生的有毒气体使鼠类吸入而中毒致死，这类方法的优点是：具有强制性，不必考虑鼠类习性；不使用粮食和其他食品；收效快，效果较好；兼有杀虫作用；对家禽安全。缺点是只能在密闭的场所使用，而且毒性大，作用快，使用不慎容易中毒，用量较大，费用较高，熏蒸灭鼠时，需找洞投药，堵洞，工效较低。

本方法具有局限性，主要用于仓库及其他密闭场所的灭鼠，还可以杀灭洞内鼠类。目前使用的熏蒸剂有两类：一类是化学熏蒸剂，如磷化铝等；另一类是灭鼠烟雾剂。

三、毒杀灭鼠

将毒药加入饵料和水中，将鼠致死的方法称为毒饵灭鼠。这类毒物称为灭鼠剂。由于灭鼠剂是在鼠的胃肠道消化吸收引起中毒，因此灭鼠剂常被称为肠毒剂或胃毒剂（表8-2）。

表8-2　家禽常用灭鼠药

有效成分	饵料类型
溴鼠隆	抗凝血剂。每次投放2~3天后，因内出血而死亡。通常配制为颗粒状灭鼠剂或适用于各种气候条件下易于储藏的蜡质包装
溴敌隆	抗凝血剂。每次投放2~3天后，因内出血而死亡。通常配制为颗粒状灭鼠剂或适用于各种气候条件下易于储藏的蜡质包装
溴鼠胺	中央神经系统的毒药。投放一次（若剂量大）2~3天内因代谢受阻而死亡。必要时投放2~3次。通常为颗粒状鼠药
胆骨化醇、维生素 D_3	破坏代谢的毒药。投放一次（若剂量大）2~3天内因代谢受阻而死亡。必要时投放2~3次。通常为颗粒状鼠药
氟鼠定	抗凝血剂。每次投放7天后，因内出血而死亡。通常为颗粒状鼠药。饵料含同类灭鼠有效成分的一半
磷化锌	剧毒药物。每次投放或分撒后几分钟至几小时内，因心脏衰竭或肝肠受损死亡。通常与饲料混合成高浓度的颗粒
氯鼠酮	复合型抗凝血剂。持续投放10~14天后，因内出血而导致死亡。通常为颗粒状或适用于任何气候条件下易于储藏的蜡质包装
敌鼠	复合型抗凝血剂。持续投放10~14天后，因内出血而导致死亡。通常为颗粒状或适用于任何气候条件下易于储藏的蜡质包装。也可为液态浓缩装

（续）

有效成分	饵料类型
异戊	复合型抗凝血剂。持续投放 10~14 天后，因内出血而导致死亡。只配制成低浓度粉药
鼠完	复合型抗凝血剂。持续投放 10~14 天后，因内出血而导致死亡。通常为颗粒状或适用于任何气候条件下易于储藏的蜡质包装。也可与饲料混合成高浓度的药物
灭鼠灵	复合型抗凝血剂。持续投放 10~14 天后，因内出血而导致死亡。通常为颗粒状或适用于任何气候条件下易于储藏的蜡质包装。也可与饲料混合成高浓度的药物或低浓度粉药

毒饵灭鼠的优点有：①效率高。毒饵可同时大量使用，使用得当能使鼠密度在短期内大幅度下降。②使用简便。毒饵可成批配制，投放方便。③较经济。一般毒饵（如磷化锌）每千克不超过 1 元，可处理几百至上千个鼠洞。

毒饵灭鼠的缺点是：①非灭杀对象可误食中毒。因多数毒饵对人、禽毒力很强，存在着误食中毒的可能性。②具有选择性、拒食性和耐药性。有些灭鼠剂仅对少数几种鼠有效；短时间内连续使用一种毒饵时，鼠能产生保护性反应而识别药物，产生拒食；如多次食入亚致死量的药物时，能产生耐药性。③需消耗一定量的粮食。有些灭鼠剂合成工序复杂，来源困难等。

附　录

附　录　A
（资料性附录）
消毒剂种类选择

消毒剂种类	适用范围	优缺点
季铵盐类消毒剂	用于带鸡喷雾消毒，也用于鸡舍用具、水槽、食槽及饮水消毒	无毒性、无刺激性、气味小、无腐蚀性、性质稳定，可有效杀灭细菌、有囊膜病毒和一些真菌
卤素类消毒剂	主要用于鸡体、车辆、鸡舍环境消毒	对细菌、病毒和真菌的杀灭效果较好，但对芽孢的效果较差
过氧化剂类消毒剂	高锰酸钾主要用于鸡舍、用具熏蒸消毒或鸡饮水消毒；过氧乙酸用于鸡体、鸡舍地面和用具消毒，也可用于密闭鸡舍、用具和种蛋的熏蒸消毒	具有广谱、高效、无残留、强氧化能力，能杀灭细菌、真菌、病毒等
醛类消毒剂	福尔马林（40％甲醛）主要用于鸡舍、用具、种蛋等熏蒸消毒，戊二醛主要用于带鸡喷雾消毒	具有高效力的杀菌、杀病毒、杀真菌和杀芽孢作用
酚类消毒剂	用于空舍、场地、车辆及排泄物的消毒	性质稳定，较低温仍有效
碱类消毒剂	适用于墙面、地面通道，消毒池、贮粪场、污水池等的消毒	对病毒、细菌的杀灭作用较强，高浓度溶液可杀灭芽孢，但有一定的刺激性及腐蚀性
醇类消毒剂	乙醇常用浓度为75％，用于皮肤、工具、设备、容器的消毒	属于中效消毒剂，可杀灭细菌繁殖体，破坏多数亲脂性病毒

(续)

消毒剂种类	适用范围	优缺点
酸类消毒剂	常用于空气消毒，毒性较低，但杀菌能力较弱	

附 录 B

（资料性附录）

规模化鸡场消毒程序

消毒种类	消毒对象	消毒措施
日常卫生		每天清扫鸡舍2次，保持笼具、料槽、水槽等用具干净
环境消毒	消毒池	①鸡场入口处设置消毒池，内置2%烧碱，消毒液深度不小于15厘米，并配置低压消毒器械，对进场车辆使漂白粉进行消毒。鸡场的每个消毒池3～4天更换一次消毒液，并保持其有效浓度。②鸡舍入口处的消毒池使用2%烧碱，每周更换2～3次消毒液。进鸡场和鸡舍人员脚踏消毒液时间至少15秒
	场区道路	用10%漂白粉或复合酚，每周喷洒消毒至少2次
	排粪沟、下水道	定期清除干净，用生石灰每周至少消毒1次
人员消毒	饲养员、鸡舍的工作人员	①饲养员进入生产区须经踏踩消毒垫消毒，照射紫外线，消毒液洗手或洗澡，更换经紫外灯照射过的工作服、胶鞋或其他专用鞋等经过消毒通道，方可进入。进出鸡舍时，双脚踏入消毒垫，并至少停留1分钟，并使用1%新洁尔灭洗手消毒。②进出不同圈舍应换穿不同的橡胶长靴，将换下的橡胶长靴洗净后浸泡在另一消毒槽中，并洗手消毒。工作服、鞋帽于每天下班后挂在更衣室内，紫外线灯照射消毒。③生产区的配种人员，每次完成工作后，用消毒剂洗手，并用消毒剂浸泡工作服，后用紫外线照射
	外来人员	严禁外来人员进入生产区，经批准后按消毒程序严格消毒才可入内
器具消毒		蛋盘、蛋箱、孵化器、运雏箱等均使用0.39%新洁尔灭擦洗

（续）

消毒种类	消毒对象	消毒措施
鸡舍消毒	空舍	进鸡前半个月用福尔马林与高锰酸钾密封熏蒸消毒，熏蒸24小时以后，开窗通风1周
	带鸡消毒	夏季：用10％的癸甲溴铵按1：150比例稀释，1周2次带鸡消毒，喷雾量为30毫升/米³；或2％戊二醛1：200比例稀释，1周3次带鸡消毒，喷雾量30毫升/米³。每次带鸡消毒时应关闭门窗和风机，消毒30分钟后再打开
		冬季：用10％的癸甲溴铵按1：300比例稀释，1周2次带鸡消毒，喷雾量18毫升/米³；或2％戊二醛1：200比例稀释，1周3次带鸡消毒，喷雾量18毫升/米³。每次带鸡消毒时应关闭门窗和风机，消毒30分钟后再打开
种蛋消毒		种蛋的消毒在集蛋后、储存前、入孵前、出壳前均用0.2％新洁尔灭清洗或用0.01％过氧乙酸喷雾消毒，或收入仓库或孵化室用甲醛熏蒸
疫源地消毒		在发生疫情的鸡舍，10％的癸甲溴铵1：150比例稀释，喷雾量30毫升/米³1周2次带鸡消毒，2％戊二醛1：100比例稀释，喷雾量30毫升/米³，1周3次带鸡消毒，每次带鸡消毒时应关闭门窗和风机，消毒30分钟后再打开
其他	运输车辆消毒	进出猪场的运输车辆，车身、车厢内外和底盘都要进行喷洒消毒，选用对车体涂层和金属部件不损伤的消毒药物，如过氧化物类消毒剂、含氯消毒剂、酚类消毒剂等
	进场物品消毒	进入场区的所有物品，根据物品特点选择适当形式进行消毒。如紫外灯照射，消毒液喷雾、浸泡或擦拭等
	污水消毒	每升污水用2～5克漂白粉消毒
	粪便消毒	稀薄粪便注入发酵池或沼气池、干粪堆积发酵
	病死鸡消毒	按照GB 16548—1996进行无害化处理，消毒按照GB 16569执行

参 考 文 献

甘孟侯.1999.中国禽病学［M］.北京：中国农业出版社.

纪晔.2009.养鸡防疫消毒指南［M］.北京：中国农业出版社.

田文霞.2007.兽医防疫消毒技术［M］.北京：中国农业出版社.

王红宁，张安云，高荣，等.四川省地方标准《规模化（蛋鸡、种鸡、商品肉鸡）鸡场消毒技术规范》(DB51/T 1286—2011).四川省质量技术监督局，2011-06-27.

魏刚才，孙清莲，杨雪峰，等.2009.养殖场消毒技术［M］.北京：化学工业出版社.

詹丽娥，宁官保，乔忠.2010.养鸡防疫消毒实用技术［M］.北京：金盾出版社.

张振兴，姜平.2010.兽医消毒学［M］.北京：中国农业出版社.

赵化民，陈曦，王云峰，等.2010.畜禽养殖场消毒指南［M］.北京：金盾出版社.

图书在版编目（CIP）数据

鸡场消毒关键技术/吴荣富主编 . —北京：中国
农业出版社，2012.12
（科学养鸡步步赢丛书）
ISBN 978 - 7 - 109 - 17349 - 1

Ⅰ.①鸡…　Ⅱ.①吴…　Ⅲ.①养鸡场－消毒　Ⅳ.
①S831

中国版本图书馆 CIP 数据核字（2012）第 264965 号

中国农业出版社出版
（北京市朝阳区农展馆北路 2 号）
（邮政编码 100125）
责任编辑　郭永立　张艳晶

中国农业出版社印刷厂印刷　新华书店北京发行所发行
2014 年 2 月第 1 版　2014 年 2 月北京第 1 次印刷

开本：850mm×1168mm 1/32　印张：5.25
字数：120 千字
定价：15.00 元
（凡本版图书出现印刷、装订错误，请向出版社发行部调换）